"十四五"职业教育部委级规划教材

服装设计师

品牌运作手册

范敏娜　杨琼莹　主　编

郑　静　陈孟超　副主编

中国纺织出版社有限公司

内 容 提 要

本书为"十四五"职业教育部委级规划教材。本书聚焦服装设计师品牌设计师岗位特点，基于品牌服装设计师工作流程，结合服装设计师品牌运作规律，阐述服装设计师品牌的分类、概念、运作框架以及品牌服装设计师设计工作中所需的调研、企划、单品设计、系列产品开发、品牌运作及促销的相关专业知识。本书将理论与实践紧密结合，内容生动、图文并茂、条理清晰。

本书可作为中高等院校服装专业教材使用，也可作为服装设计爱好者、从业者的阅读参考书。

图书在版编目（CIP）数据

服装设计师品牌运作手册 / 范敏娜，杨琼莹主编；郑静，陈孟超副主编 . -- 北京：中国纺织出版社有限公司，2023.10

"十四五"职业教育部委级规划教材

ISBN 978-7-5229-1026-0

Ⅰ. ①服… Ⅱ. ①范… ②杨… ③郑… ④陈… Ⅲ. ①服装设计师－品牌营销－职业教育－教材 Ⅳ. ①TS941.2

中国国家版本馆 CIP 数据核字（2023）第 181586 号

责任编辑：郭 沫　责任校对：寇晨晨　责任印制：王艳丽

中国纺织出版社有限公司出版发行
地址：北京市朝阳区百子湾东里 A407 号楼　邮政编码：100124
销售电话：010—67004422　传真：010—87155801
http://www.c-textilep.com
中国纺织出版社天猫旗舰店
官方微博 http://weibo.com/2119887771
北京通天印刷有限责任公司印刷　各地新华书店经销
2023 年 10 月第 1 版第 1 次印刷
开本：787×1092　1/16　印张：14
字数：220 千字　定价：59.80 元

前言

　　随着中国经济的腾飞，全民追求个性化时代到来，中国的服装品牌也发生了巨大的变化，越来越多中国服装设计师品牌受到关注和追捧，这也为中国服装设计师品牌的发展带来了良好的机遇。与大众服装品牌相比，服装设计师品牌基于设计师独特的文化理念，开辟了风格独特的服装消费市场。与此同时，越来越多的服装设计专业学生毕业后进入设计师品牌或者选择自己创立独立设计师品牌。那么如何进行品牌调研、如何确定设计师品牌定位、如何进行设计师品牌企划、如何进行产品设计、品牌销售及推广等就显得尤为重要。

　　本书聚焦服装设计师品牌，力求理论与实践相结合，以理论为指导、以实践为目的，实践巩固理论，结合品牌服装设计师工作案例，努力使学生将理论知识转化为工作能力，达到学以致用的目的。根据设计师品牌的运作流程，以设计师品牌运作环节中工作为导向，引入教学内容，包括设计师品牌特点、设计师品牌调研、品牌企划、产品设计、设计筛选、品牌推广与营销等内容，并且加入了中国设计师品牌的案例分析，使学生更加深刻理解设计师品牌的运作方法。书中引入中国本土设计师品牌发展历程，结合本土设计师品牌成功案例，融入课程思政内容，使学生在了解我国设计师品牌发展的同时，了解中国国潮及国风文化，增强民族及专业自豪感。此外，本书结合当下的服装科技，紧密联系市场，引入3D设计及互联网营销、新零售等概念，与时俱进。

本书第一章至第四章由范敏娜编写，第五章、第六章由郑静编写，第七章至第九章由杨琼莹编写。感谢广东职业技术学院的领导及同事们的帮助与指导。

由于编者水平有限，在编写过程中难免有疏漏之处，还望各位专家、同仁们不吝赐教！

编　者

2023年6月

目 录
CONTENTS

第一章　服装设计师品牌概述 ·· 001

　　第一节　服装设计师品牌的概念 ·· 002

　　第二节　服装设计师品牌的运作框架 ·· 014

第二章　设计师品牌市场调研 ·· 019

　　第一节　市场调研的目的及作用 ·· 020

　　第二节　市场调研的内容 ·· 021

　　第三节　调研的流程及方法 ··· 038

第三章　灵感调研 ··· 043

　　第一节　灵感调研的内容 ·· 044

　　第二节　灵感调研的途径 ·· 052

　　第三节　灵感调研思维导图法 ·· 062

第四章　设计师品牌企划 ·· 065

　　第一节　品牌定位 ··· 066

　　第二节　产品品类组合及货品结构规划 ··· 092

第五章　服装单品设计元素与方法 ·· 111

　　第一节　细节元素设计 ··· 112

　　第二节　色彩元素设计 ··· 127

　　第三节　图案元素设计 ··· 135

第六章　设计师品牌系列产品开发·······147

　第一节　系列产品开发的基础·······148

　第二节　系列产品开发的设计方法·······152

　第三节　设计筛选及总结·······162

第七章　设计师品牌运作·······167

　第一节　设计师品牌价格概述·······168

　第二节　设计师品牌定价方法·······176

　第三节　设计师品牌定价策略及服装价格调整·······180

第八章　设计师品牌渠道管理·······189

　第一节　渠道的构成·······190

　第二节　销售终端的管理·······192

第九章　设计师品牌促销策略·······197

　第一节　促销概述·······198

　第二节　设计师品牌广告促销·······199

　第三节　服装销售促进·······204

　第四节　公共关系·······207

　第五节　人员促销·······209

　第六节　新零售促销·······212

参考文献·······218

第一章
服装设计师
品牌概述

20世纪70年代末，法国设计师皮尔·卡丹（Pierre Cardin）先生带着他的服装系列到访中国，成为第一个进入中国市场的国际服装品牌，让中国消费者体验视觉盛宴的同时，也对服装产生了全新的认识，随后越来越多的外国奢侈品及设计师品牌进入中国，使中国消费者对品牌有了概念，同时也培养了其对时尚及品牌的鉴赏能力。20世纪八九十年代，我国服装企业开始由加工型向品牌化转变，出现了劲霸男装、杉杉、李宁、美特斯邦威、雅莹等一批本土服装品牌，满足了广大消费者追求美及品质服装产品的需求，提升了消费者的品牌意识，也培养了一批优秀的服装设计师，如张肇达、武学凯、武学伟、梁子、马可等一批优秀的设计师，他们创立了我国最早的服装设计师品牌。2010年，随着我国成为全球第二大经济体，国民收入增长和消费观念升级，越来越多的"80后""90后"消费者倾向于寻找设计更为独特、质量有保障、性价比更高的服装品牌，于是催生了如UMA WANG、FenG CHen WANG等一批新生代的设计师品牌，他们带着优秀的设计作品登上国际时装周的舞台，也使中国本土的设计师品牌获得世界的关注与认可。

第一节 服装设计师品牌的概念

一、 服装品牌的诞生与发展

品牌的诞生与发展经历了一段漫长的历史，英文Brand一词原本不是品牌的意思，而是打在牛、马身上的烙印、标识，在中世纪的欧洲，人们用这种方法来区分和证明物体的所有权。随着工业革命的到来，工匠也会用打烙印的方式将自己的名字及产地印在自己生产的产品上，用来与其他同类产品相区分。Brand一词就来源于古挪威语"Brandr"，即灼烧、烙印。工业革命以后，随着人口的增加，商品种类的丰富及消费需求的增长，现代意义上的具有识别、形象、认知等作用的品牌才逐渐出现。此后，品牌的表现形式变得丰富多彩，不仅包括图形、符号等具象要素，还包括文化内涵等抽象要素。

19世纪末，"高级时装之父"查尔斯·费雷德里克·沃斯（Charles Frederick Worth）首次将自己的名字作为标签缝在服装上，并启用真人模特进行服装展示，沃斯先生凭借超凡的设计才华及超前的商业理念成为现代"高级时装之父"的同时，也为日后的设计师带来了服装品牌意识（图1-1）。

图1-1　沃斯及其设计作品

随着巴黎高级时装产业的蓬勃发展，在20世纪初迎来了星光熠熠的新时代，出现了一大批如保罗·波烈（Paul Poiret）、克里斯托巴尔·巴伦夏加（Cristobal Balenciaga）、可可·香奈儿（Coco Chanel）、克里斯汀·迪奥（Christian Dior）、伊夫·圣·洛朗（Yves Saint Laurent）等优秀的设计师，他们用非凡的才华与精彩的设计推动了高级时装这艘巨轮不断前进，也成为我们今天耳熟能详的时装品牌。

第二次世界大战后，为了满足更多消费者日益增长的需求，各高级时装屋纷纷推出具有统一号型、价格经济的高级成衣系列。高级成衣是高级时装与大众成衣的交叉集合，可以批量生产，价格更为亲民且保留了用心的设计及精良的制作工艺，如寇依（Chloé）、古驰（Gucci）、乔治·阿玛尼（Giorgio Armani）等。一些知名的高级成衣品牌纷纷通过创立独立的商标，推出中档产品来接近更广大的消费群体，如马克·雅可布（Marc Jacobs）推出马克·雅可布之马克（Marc by Marc Jacobs），乔治·阿玛尼（Giorgio Armani）推出休闲服品牌Armani Exchange等（图1-2）。

图1-2　Giorgio Armani 2020 年高级定制系列

　　如今，大众成衣比高级成衣拥有更广泛的消费群体，大众成衣能够为消费者提供更多的尺码、更低廉的价格，大众成衣品牌的设计师们通过参考高端市场的潮流趋势，使用更廉价的面料及工艺，设计便宜时髦的时装，迎合了更多工薪阶层消费者的口味。

二、品牌的特点与功能

　　美国营销学者菲利普·科特勒认为，品牌不仅仅是一种标记和名称，更是销售者向消费者提供的一组特定产品、利益和服务，同时也向消费者传达了品牌的质量保证。品牌在一定程度上体现了企业的价值，象征着企业文化，代表了产品的个性及使用者的形象。服装品牌作为标示性标记，在品牌形象、品牌定位、品牌文化及品牌产品设计上都明显区别于其他服装类型。

（一）品牌的特点

1.具有清晰的市场定位

　　市场定位是品牌服装运作的关键，通过市场细分，找到准确的目标消费群体，后续的产品设计、品牌策划、产品推广等活动都是围绕市场定位展开的。

2.具有统一的设计风格

　　设计风格是品牌服装的DNA，设计师根据品牌定位，通过产品设计诠释品牌风格，无论潮流如何变化，设计师如何更换，品牌服装始终延续其设计风格。例如，Chanel在历经香奈儿女士、卡尔·拉格菲尔德（Karl Lagerfeld）等设计师后，其品牌依旧延续其浪漫及优雅的法式风格；法国品牌Dior在历任数位设计师后，依然保持其高雅华丽的品牌DNA。成功的服装品牌通过维护和延续其独特品牌风格收获一批又一批忠诚的消费者。

3.具有辨识度的品牌形象

　　品牌虽然是无形的要素，但可以通过品牌标识（Logo）、产品风格、广告标语、品牌服务等一系列因素进行塑造，成功的品牌能够通过其独特的品牌形象给消费者留下深刻的印象，同时还能够通过品牌形象向消费者传达其品牌文化及理念。具有辨识度的品牌形象是服装品牌的核心要素之一。

4.具有完整的系列设计

　　品牌服装在设计上追求系列性及完整性，涵盖了产品企划、主题故事、产品结构、产品设计等全部内容，同时各种服装产品之间具有关联性，在色彩、造型、图案、面料、搭配方面具有共同要素，形成统一的系列设计风格。

（二）品牌的功能

品牌不仅可以使消费者在Logo上清楚地区别于其他品牌，更能够通过品牌理念及消费者体验等方面区别于其他品牌，加深消费者对品牌的了解，并提升其对品牌的忠诚度。同时，品牌还代表着企业的品质，品牌对消费者而言意味着在产品质量上更有保障，消费体验感更佳。品牌是企业展现设计风格及特质的载体，清晰的品牌形象易于消费者辨认产品，提高消费者的信任度，降低购买时的认知风险。品牌是公司重要的无形资产，竞争者也许会复制产品，但无法复制根深蒂固的品牌形象。良好的品牌可以提高企业的竞争优势。

三、服装设计师品牌的分类

（一）根据性别、年龄分类

按照性别、年龄可以分为男装设计师品牌、女装设计师品牌、中性装设计师品牌及童装设计师品牌。男装设计师品牌主要设计开发男士的服装产品，如意大利的杰尼亚（Zegna）、英国的保罗·史密斯（Paul Smith）及我国的卡宾和速写等。中性装设计师品牌强调无性别主义，设计简洁大方，弱化性别特征，提倡男女同款，如伯喜（Bosie）、Ader Error等品牌。女装设计师品牌根据年龄段的不同，又可分为少女装和淑女装，少女装设计师品牌的客户群体主要是较为年轻的女性，如Marc by Marc Jacobs、CHICTOPIA等；淑女装的客户群体较少女装客户群体成熟，多数设计师品牌为淑女装品牌，如Max Mara、Chanel、例外、吉芬等。童装根据不同的年龄段，可以划分为婴幼儿服装、小童装、中童装和大童装。一些知名的设计师品牌会推出各自的童装系列，如英国的Burberry Kids，以及国内知名的服装品牌如太平鸟旗下的MINI PEACE，MO & Co. 旗下的little MO & Co.等。

（二）根据产品类型分类

根据产品类型可以分为高级定制设计师品牌和成衣设计师品牌。高级定制不同于成衣的批量生产，采用针对单独消费者量体定制的方式，根据每位消费者的样貌、体型、气质等单独设计，设计上更注重与顾客的沟通，定制的产品也更广泛，可以是日常装、礼服，也可以是休闲装等。高级定制服装除了选用高档的面料和精良的设计外，在制作过程中的纯手工打造也使高级定制服装与众不同，尽显奢华。例如，玫瑰坊是郭培在1997年成立的我国最早的高级定制设计师品牌，经过20多年专注发展，已成为我国高级定制品牌的代表。郭培用极具个性化、精致且富有情调的设计和追求极致的工艺将玫瑰坊打造成集奢华、唯美、雅致于一体的高级定制品牌（图1-3）。

图1-3　郭培高级定制作品

成衣设计师品牌是经过对市场的调查，确定了目标消费群体的定位，结合设计师个人风格进行设计；服装产品以批量生产为主，具有统一的号型，并且服装产品在面对消费者的时候已经是尺码、风格确定的成品，消费者只能按照自己的喜好选择购买与否。

（三）根据品牌的个性分类

根据品牌的个性大致可以分为含蓄型设计师品牌和张扬型设计师品牌。含蓄型设计师品牌的设计师及目标消费群体风格内敛，注重精神世界，色彩淡雅低调，板型相对宽松，设计简约，如例外、EIN等。张扬型设计师品牌往往彰显个性，款式前卫，用色鲜明，充满了热情、自由的气息，一般以休闲、浪漫、前卫的风格为主，如薇薇安·韦斯特伍德、安娜·苏（Anna Sui）等。

（四）根据销售渠道分类

根据销售渠道可以分为线下设计师品牌和线上设计师品牌。线上设计师品牌是依托网络建立起来的品牌，主要销售渠道是互联网，近年来，互联网科技的蓬勃发展给设计师创业提供了便利条件，一些设计师以电子商务为契机创立了自己的品牌，如裂帛、梅子熟了等。线下设计师品牌指依托线下渠道创建的品牌，品牌创立初期主要依靠线下销售渠道，随着互联网科技的发展，越来越多的设计师品牌都开始拓展线上销售渠道，形成线上、线下结合的销售模式。

（五）根据产品品类分类

根据产品品类可以分为西装设计师品牌、风衣设计师品牌、毛衫设计师品牌、大衣设计师品牌、皮装设计师品牌和裤装设计师品牌等。西装设计师品牌代表如阿玛尼、登喜路（Dunhill），风衣设计师品牌代表如Burberry，大衣设计师品牌代表如Max Mara，皮装设计师品牌代表如Gucci、芬迪（Fendi）等。

四、服装设计师品牌的界定

（一）设计师品牌的定义

设计师品牌（Designer Brand）在国外由来已久，历年时装周上，那些风格鲜明的设计师品牌总是媒体追捧的热点。在《世界服饰词典》中，设计师品牌是指不以企业名称或其他商标命名，而以设计师本人的名字作为商标的具有高知名度的设计师商品。与企业品牌不同，在设计师品牌中，设计师是整个品牌的灵魂，是整个品牌的核心所在，设计师掌握品牌的风格及发展方向，其设计的产品带有强烈的个性特征。在一般品牌企业中，设计师更多扮演的是服务者的角色，需要遵循企业品牌的理念，弱化自身的风格。而设计师品牌强调的是品牌的产生、运作都以设计师为核心。多数设计师品牌在创立之初都由设计师本人掌控品牌定位及发展方向，随着品牌规模的扩大，会逐渐形成完善的品牌机制，甚至有专门的集团进行商业运作。后期的品牌运作和发展方向便不再只属于设计师一个人，而是属于整个商业团队，如国际上许多历史悠久且知名的设计师品牌路易威登（Louis Vuitton）、普拉达（Prada）、迪奥（Dior）、朗万（Lanvin）等，都是从设计师独自运作发展到集团化运营的。

（二）设计师品牌的特点

除了以设计师本人的名字命名外，设计师品牌还具有以下特点。

1.具有鲜明的个人风格

香奈儿女士曾经说过"时尚易逝，风格永存"。这句经典的话语反映出设计师品牌风格的重要性。与一般企业品牌不同，设计师品牌的品牌文化更加突出设计师个人的风格，强调设计师的设计态度与理念，也集中体现了设计师的艺术审美及修养，因此设计风格更加鲜明且稳定。品牌风格是设计师个性及创造力的融合，设计师往往通过作品来表达个性及情感，形成独特的、难以模仿的设计风格。

2.原创性

设计师品牌更注重设计的原创性，其作品经过了从灵感找寻到设计开发完整的设计过程，并且融入了设计师对世界的认知、对生活的感悟与思考，相较于借鉴设计较多的企业品牌，设计师品牌更能体现原创性和独创性，彰显设计师个性及独特品位。同时，设计师品牌也通过其与众不同的原创性设计、与其他品牌的差异化设计引起消费者的关注，通过原创性的设计引起消费者的共鸣，吸引喜欢此类风格的消费者追随。例如，我国本土设计师品牌"例外"，打破了对西方时尚亦步亦趋的观念，倡导东方文化，通过其设计师自由、纯净、特立独行的设计理念及别具一格的原创性设计获得了众多消费者的喜爱（图1-4）。

图1-4　"例外"店铺陈列

3.小众性

相较于大众化品牌，设计师品牌的品牌定位更加清晰，客户群更为明确。小众是相对而言的，随着设计师品牌的发展，品牌文化的传播，设计师的设计风格会被越来越多的人接受，当品牌成为明星品牌时，会吸引不同类型的消费者来尝试此风格，从而扩大品牌的受众群体。

五、 中国本土设计师品牌的发展与现状

中国本土设计师品牌是指在中国本土诞生并成长起来的以设计师为主导的服装品牌。20世纪70年代末，皮尔·卡丹先生开启了中国时尚的大门，使中国消费者对服装有了新的认识。伴随改革开放的浪潮，中国服装加工厂如雨后春笋般涌现，但是设计力量薄弱，彼时中国的服装业以加工为主，并没有自己的服装品牌。1988年，在北京纺织局工作的马羚辞职后创办了马羚时装公司，开始了服装设计生涯，并且在1989年注册马羚牌商标，成为我国第一位以个人名字注册商标的设计师。在时装公司积累了丰富的工作经验的张肇达先生于1991年创立了以个人英文名命名的品牌"MARK CHEUNG"，成为中国设计师品牌的里程碑。20世纪90年代陆续诞生了一批优秀的设计师品牌，如马可的"例外"、郭培的"玫瑰坊"、梁子的"天意"等，这些品牌经过市场的洗礼、经验的积累，逐渐在市场占有一席之地，成为我国最早

一批设计师品牌。

2000年以后，本土设计师品牌在设计与经营上更加成熟，随着我国经济的腾飞，设计师品牌逐渐受到市场的认可并取得了骄人的业绩，如谢锋创办的"吉芬"、马可创办的"例外"、杨紫明创办的"卡宾"等年销售额达到数亿元。这一时期，中国服装设计师开始在国际上崭露头角，2003年，来自中国的房莹、武学凯、梁子等六位设计师代表中国在巴黎卢浮宫向世界展示了中国时装原创设计，随后房莹应邀参加巴黎高级成衣展，中国的设计师品牌开始受到国际时尚界的关注。2005年以后，国内优秀的新锐设计师陆续创立自己的品牌，也有一批留学海外的设计师回国创业，如RANFAN、UMA WANG（图1-5）等，这些新锐的设计师品牌虽然规模不大，但是模式新颖，注重个性与创新，抵制同质化，为我国服装行业注入了新鲜的血液。新锐的设计师品牌不仅满足了不同消费者的需求，活跃了服装市场，也向世界展示了中国原创设计的力量。

图1-5　UMA WANG设计作品

我国的设计师品牌主要集中在北京、上海、广州、深圳及东南沿海一带，这些区域经济发达，服装产业链完善。随着近几年我国经济的飞速发展，人均收入大幅提高，服装消费趋于多样化、个性化及情感化，尤其是在一线城市消费者的经济购买力强，对生活品质要求较高，追求有品位、有情趣、能够体现自我审美价值的着装方式，这也为设计师品牌的蓬勃发展奠定了市场基础。除了市场上已经成熟的设计师品牌，近几年在政府大力支持创意产业的环境背景下，越来越多的年轻设计师开始了创业之路，很多新锐设计师采用工作室模式来运营自己的品牌，在一线城市建立小规模的设计、运营中心。在这种时尚背景下，设计师品牌集合店也应运而生，帮助设计师更好地展示设计作品，开拓消费市场。

当下本土设计师品牌主要分为由知名设计师创立的运作成熟的设计师品牌和新锐设计师创立的独立设计师品牌。

运作成熟的设计师品牌以"例外""天意""吉芬"等品牌为代表，经过多年服装市场的打磨，已经形成了完善的设计、运营模式，并且拥有一定的市场占有率。

品牌：例外 ｜ 创始人：马克　毛继鸿 ｜ 创立时间：1996年

"例外"是我国创立较早的设计师品牌之一，经过多年的发展，具有一定的市场规模。随着2013年彭丽媛女士身着"例外"品牌服装出访俄罗斯，使其成为我国最受瞩目且最具影响力的设计师品牌。正如"例外"的英文名称"EXCEPTION de MIXMIND"，设计师马可并不随波逐流，坚持文化、美学、创新的创作精神，将中国特有的东方哲学融入艺术创作。在西方文化主导的时装界，"例外"凭借其沉静、独特的设计风格传达本源、质朴、自由的东方禅意文化，成为我国设计师品牌的代表。著名的设计师张永和曾经评价："在没有'例外'之前，中国女性是为别人穿衣服；有了'例外'之后，中国女性是为自己穿衣服"，充分显示了"例外"对于中国女性的意义。"例外"将其特立独行的态度与东方文化完美融合，在用料上，坚持以棉、麻为主导，色彩主要选择本白、米白、浅咖、熟褐等天然色系，廓型上多采用宽松自由的H廓型、梯形，弱化胸腰差，强调服装依附于人体变化产生的自然堆积效果，充分表达其"本源、自由、纯净"的设计理念（图1-6）。

在"例外"取得成功后，设计师马可于2006年推出了艺术品牌"无用"，秉承庄子"无用之用，方为大用"的思想，用质朴、原始的创作手法探究生命的本质，传达物质极简、精神富足的生活方式。2007年，"无用"之土地系列在巴黎时装周首次发布，唤起了人们对土地的记忆，这场颠覆性的发布会受到了国际时装界的盛赞，令"例外"与"无用"声名远播，同时也让世界重新认识了中国的设计师，被中国文化与设计所震撼（图1-7）。

图1-6 "例外"2017年春夏系列

图1-7 "无用"之土地系列

品牌：吉芬 ｜ 创始人：谢锋 ｜ 创立时间：1999年

　　"吉芬"创始人谢锋是中国最早一批留学海外的服装设计师，从日本辗转到法国，经过东西方文化的熏陶，缔造"吉芬"东西结合的国际化风格。如果说"例外"是东方文化的践行者，那"吉芬"便是中西文化融合的硕果。谢锋携"吉芬"数次登上巴黎时装周。谢锋用国际语言来诠释中国风格，经过他的设计，"吉芬"摆脱了生硬的民族符号，代之以国际化的审美标准，这也让时装界对中国的设计师品牌产生了新的认识。

　　作为设计师品牌，"吉芬"希望保持自己的灵魂与风格，对销售网点的挑选也很严格，"吉芬"会对进驻城市和商场进行调研，选择与其气质相契合的场所。"吉芬"的客户群体比较小众，但忠诚度很高，因此产品不会批量化生产，每款300~500件产量，更注重产品的设计与品质。2006年，"吉芬"推出高端品牌"Jefen by Frankie"，将市场锁定巴黎、米兰及东欧一些国家和地区，并且与法国知名的品牌销售推广公司合作，在东亚、北美和欧洲地区销售"Jefen by Frankie"的产品。谢锋说，"这也是中国的设计师品牌第一次进入国际时装流通渠道"。谢锋用他对设计中的中西文化交融贯穿的探索与尝试，将中国的设计师品牌展示于世界舞台（图1-8）。

　　与成熟的设计师品牌相比，独立设计师品牌规模较小，成立时间较短，独立设计师不受雇于任何公司或集团。由于受到规模和资金的限制，独立设计师通常需要自己肩负设计运营等多方面的工作。因此，独立设计师不仅需要独立完成设计，还要独立自主经营品牌，自负

图1-8 "吉芬"2019年春夏系列

盈亏，接受市场的检验。独立设计师品牌规模小，所以内部管理层次简单，因此能够快速捕捉到商机和消费者的需求，能够高效快速地进行资源配置以适应市场。

| 品牌：CHICTOPIA | 创始人：刘清扬 | 创立时间：2009年 |

CHICTOPIA是设计师刘清扬从英国圣马丁艺术学院毕业后创立的个人品牌，已于北京、上海、香港等地开设品牌专门店，同时也入驻了天猫商城。刘清扬生于北京，长于香港，18岁去英国留学，有着中西融合的文化背景，设计上将英伦复古与现代简约元素相融合，创造出一种轻松精致的设计风格。CHICTOPIA不仅展现了一种富于创意、轻松幽默的美学主张，更为当代新女性提供了一种忠于自我、精致诙谐的生活新方式。得益于在面料专业的学习，刘清扬对面料有独特的见解，CHICTOPIA的时装不单单选用棉、麻、毛、丝等天然织物，设计师还大胆地对面料进行二次创作，尝试了激光切割、复合涂层、绗缝填充、刺绣压褶等多种工艺，在CHICTOPIA的时装中经常能够看到充满创意的新型面料。此外，刘清扬每一季都会设计推出另类独特的印花，从茶壶、瓷娃娃、巴洛克、马戏团到昆虫、花卉，设计师将其天马行空的创意融入印花图案，这些精灵古怪且充满趣味性的印花图案既是CHICTOPIA与众不同的品牌印记，

也成为众多明星的"心头好"。

　　从第一家店面在弥漫着复古情怀的南锣鼓巷诞生，到入驻北京西单老佛爷百货，再到进入聚集了本土设计师的集合店及入驻天猫商城，CHICTOPIA一直不断拓展新的渠道，促进品牌的发展。在CHICTOPIA每年销量不断上涨的情况下，刘清扬更加注重品牌的设计，兼顾品牌的独特性与商业性（图1-9）。

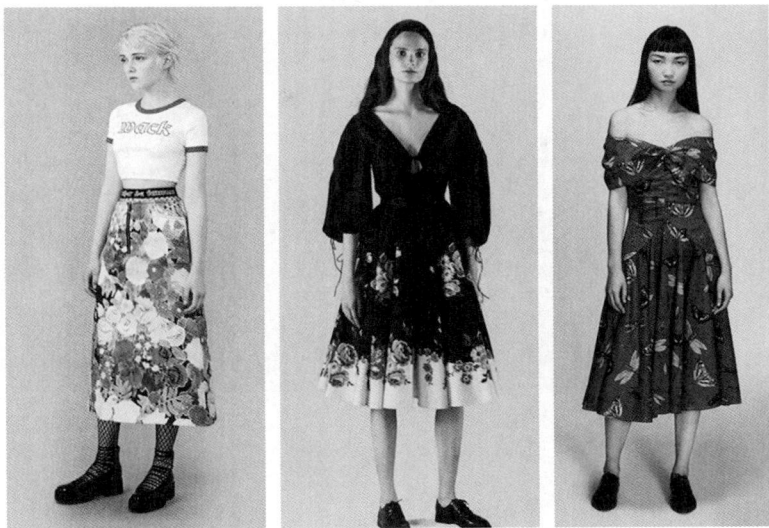

图1-9　CHICTOPIA服装系列

品牌：BANXIAOXUE　｜　创始人：班晓雪　｜　创立时间：2012年

　　BANXIAOXUE作为本土独立设计师品牌的代表，是设计师班晓雪在"例外"工作多年后创立的个人品牌，经过几年稳步发展，开设了多家独立门店及买手店渠道，具有一定的市场占有率，虽然创立时间不长，但取得了耀眼的商业成绩。班晓雪的设计风格坚持以艺术文艺为导向，饱含东方设计特色，提倡天然、环保、健康的设计理念，注重面料及工艺的创新，廓型上弱化性别的概念，不强调女性特点，板型上多用立体裁剪的方法，达到人体结构与服装空间巧妙融合的效果。

　　作为一名才华横溢的设计师，班晓雪始终以自然为信仰，保持初心的静默和柔软，不刻意、不取悦，旨在寻找自我的本源，将自己对生活的理解、对自然的感悟与美学相结合。在设计上，班晓雪报以包容的态度，用朋友的心态来对待客户——与外貌身材无关，与年龄职业无关。BANXIAOXUE的产品设计不局限于年龄，推出四条差异化的产品线，给顾客提供不同的选择，辐射更多的人群（图1-10）。

图1-10　BANXIAOXUE服装系列

第二节　服装设计师品牌的运作框架

服装产品最终能够上架与消费者见面，其中经历了设计师调研、企划、设计开发、设计筛选、制作生产等多个环节，每个环节的优劣都与产品品质息息相关。

一、设计师品牌的运作环节

设计师从调研构思到产品上架面向顾客，大致分为以下几个环节。

（一）调研环节

调研是设计师品牌运作过程中的必备环节，能够为后续展开的品牌企划和设计提供信息支持。设计师品牌的发展与市场、流行、经济等多种因素密切相关，因此品牌需要从多方位、多角度展开调研。调研主要包括市场调研和灵感调研两大部分，市场调研主要针对市场需求、消费者情况、流行趋势等方面进行调研，好的市场调研可以准确把握市场及消费者的需求，不仅可以使产品进入市场后获得消费者的认可，还能够提升消费者对品牌的忠诚度。灵感调研针对设计师在产品开发时所需要的灵感和素材进行调研，为设计环节收集设计素材，灵感调研可以帮助设计师找到设计方向，并源源不断地创作新作品。

（二）企划环节

企划环节是设计师品牌运作的重要环节之一，企划决定了产品的定位及设计方向、销售计划等；通过企划提案，可以使定位更加清晰、设计目标更加明确，为品牌的销售确立方向。企划的内容包括品牌的定位、设计方案、产品结构、采购计划、上货波段、营销计划等多个方面，好的企划方案可以令品牌给消费者留下深刻的印象，提高品牌的竞争力。

（三）产品设计开发环节

经过市场调研，在制订企划方案后便可以进入产品设计开发环节，设计师通过服装将自己的灵感表现出来。品牌的风格虽然是固定的，但设计开发的主题可以有多个，每个主题都可以进行色彩、款式、面料、细节等元素的综合使用，使产品系列更加丰富完整。

（四）生产制作环节

生产环节是将设计样品转化为标准化产品的过程，根据设计师品牌的不同性质，生产制作的方式也有一定的差异，如成衣品牌需要批量生产，借助工业化的流水线，而高定品牌是量体裁衣，更注重手工制作，不论是成衣品牌还是高定品牌的产品，在生产环节都需要保证产品质量，确保以高品质产品面对消费者。

（五）推广营销环节

推广营销是可以将产品转化为利润的环节，即利用各种营销手段，使品牌和产品能被消费者认识并为之买单。推广营销包括品牌的推广营销和产品的推广营销两个方面。产品推广营销的目的是促进消费者对产品功能、概念的认识和认可，而品牌推广营销的目的是加强消费者对品牌的认知与理解，增强顾客对品牌的忠诚度。

二、运作流程

根据服装设计师品牌的特点，结合服装行业的基本特征，其运作流程归类见图1-11。

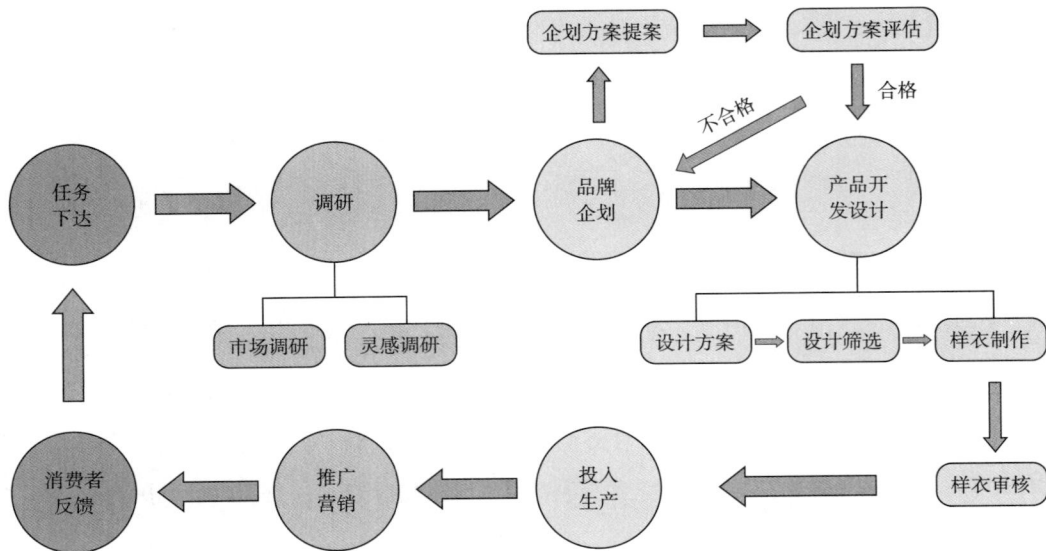

图1-11 设计师品牌运作流程

虽然设计师品牌的定位和类型有一定的差异，但是在运作过程中遵循的基本规律是一致的。从新一季任务下达开始，经过调研、品牌企划、产品开发设计、投入生产、推广营销等环节，形成了完整的运作流程。从以上流程可以看出，设计师品牌的运作虽然是循环往复的，但经过设计师的调研设计，每一季的产品不断更新，给消费者带来全新的消费体验。

三、人员职责

设计师品牌能够良好地运行，需要公司内部多个部门的通力配合，设计部和营销部是服装企业的两大支柱。

（一）设计部

设计部又称为产品研发部或创意部，主要职能是为企业创造新的产品，部门中的主要人员有设计总监、设计师、设计助理、制板师和样衣师等，其工作职能及要求如下。

1.设计总监

设计总监是设计师品牌的灵魂人物，通常是品牌的创始人，具有丰富的市场经验，能够很好地把握品牌的风格及定位，对设计师品牌的拓展和延续起着关键作用。设计总监需要把握好品牌的文化及风格，负责提出设计概念及品牌设计方向，制订新产品的开发策略和计划，因此需要具备较高的艺术素养，将其对文化的理解、流行的把握融入品牌设计中。此外，设计总监还需要有较高的商业头脑，将其对目标市场的分析、定位与艺术创作相结合，创造具有市场吸引力的产品系列。设计总监肩负着管理设计部门的职责，包括传达设计概念、下达设计任务、协调设计团队、把控设计速度、建设团队和筛选设计作品等，因此需要具备良好的管理能力。

2.设计师

设计师是设计工作的具体实施者，将设计总监提出的设计概念与流行元素相结合，通过色彩、面料、细节等元素的综合运用创造出具体的款式。设计师需要具备以下专业能力。

（1）具备较强的领悟能力，能够充分理解设计总监提出的设计概念。

（2）具备敏锐的时尚嗅觉，能够及时发现并捕捉流行信息，不断发现新的流行元素和设计素材。

（3）具备扎实的设计能力，能够通过手工或者计算机绘制服装效果图和款式图，清晰表达设计思路。

（4）具备良好的艺术审美能力，服装设计与美学密切相关，设计师需要将自己对美的理解用设计手法表现出来，因此需要具备良好的审美能力。

（5）熟悉服装相关知识及服装设计流程，了解制板、服装工艺、面料知识、搭配常识及营销知识等。

（6）拥有良好的沟通能力和表达能力，设计师需要经常与设计总监、制板师、样衣师及其他部门的人员沟通，因此需要有良好的沟通力，除此之外还要具备撰写设计报告、记录设计方案等能力。

（7）具备良好的时间管理能力，能够在规定时间内完成各项设计任务。

3.设计助理

为了能够更好地协助设计总监和设计师工作，大多数服装企业的设计部门都设有设计助理职位，其主要工作是帮助搜集整理设计所需要的素材，如收集流行资讯，寻找面料、辅料、设计图案等，便于设计师更好地完成设计工作。设计助理的工作相对烦琐，需要实地考察面料市场，还要负责对样衣进行跟进，耗费大量的时间与精力。许多设计总监和设计师都是从设计助理这一职位成长起来的，正是这些烦琐复杂的工作使他们不断地积累实践经验，打磨心性，最后成长为优秀的设计师和设计总监。

4.制板师

制板师通过手工或者制板软件将二维的服装设计图转化为三维立体的服装设计图，然后根据设计图将服装结构合理化成各式板型，形成能够投入生产的样衣。另外，制板师还需要根据品牌目标客户群体的体型建立一系列标准样板，跟进、检查样衣的制作效果，如果样衣的板型不符合要求，还要根据修改意见对样板进行修正和改进。

5.样衣师

样衣师主要负责将衣片根据要求缝合成完整的样衣，需要熟练掌握缝纫技能，领会所做样衣的要求，保证样衣准时高质量地完成。

当样衣审核通过后就进入大货生产环节，多数设计师品牌没有自己的工厂，采用外发加工的模式进行大货生产。考虑到产品质量的重要性，在外包生产环节，需要由产品经理、质量监督员监督生产过程，确保产品质量符合要求。产品经理主要负责管理产品的生产过程，控制产品的预算和生产时间等。质量监督员主要负责根据产品的质量标准监督生产流程，通过测量服装、检查面辅料及工艺等确保产品符合要求。

（二）销售部门

当产品生产完成后，就要开始上架销售，进入推广和销售环节。随着互联网科技的发展，营销模式开始变得多元化，从传统的实体销售发展到互联网销售，以及视频直播销售等多种方式，在销售环节中通常有以下人员参与。

1.销售经理

销售经理是销售部门的负责人，负责制订销售目标和销售计划，同时还要做好市场开拓和运营工作。此外，销售经理还需要管理和分配各区域店长和主管的工作，带领团队制订节假日的促销方案，确保销售正常、设计销售模式等。

2.分销员

分销员负责把订单发给店铺及分销商，并且确保发货尺寸和规格正确，一些公司的分销员还负责监管库存和订货工作。

3.零售经理和导购

零售经理也称为店长，主要负责店铺的日常工作，包括店员管理、排班、店铺货品管理等，同时负责管理和激发店铺销售团队的热情，提高销量，确保店铺如期完成销售目标。导购是店铺的"门面"，在销售过程中起到关键作用。导购负责与客户直接交流，他们的一言一行都代表了品牌形象，因此导购需要有良好的沟通能力、扎实的服装专业知识及较高的服务意识，这样才能为客户提供最好的建议与服务。

思考题

1.设计师品牌具有哪些特点？

2.请列举两个我国设计师品牌，并阐述其风格特点。

第二章 设计师品牌市场调研

服装市场调研是指以服装市场为对象，运用科学的方法收集、分析、整理服装市场相关资料，为服装企业的设计与运营提供依据。对于设计师而言，进行产品设计并不是闭门造车，而是与市场、流行、环境、文化等多种因素息息相关，并且随着网络科技的发展，流行更新速度越来越快，消费者的需求也在不断地变化，要把握好产品的设计方向就需要进行充分的市场调研。市场调研可以帮助设计师更好地了解消费者的需求、竞争对手的情况，避免错误估计市场需求，因此市场调研是设计师进行产品设计前的关键环节，也是设计师品牌在激烈的市场竞争中取得成功的基石。

第一节 市场调研的目的及作用

经过充分的市场调研，企业能够辨析市场需求的变化与特点，从而有针对性地制订企业发展策略。市场调研包括"调"和"研"两个过程，调查信息的过程即是对信息进行分类、整理研究的过程。调研具有以下作用。

一、了解市场的真实需求，为产品设计提供信息支持

随着经济水平的提高，消费者的需求不断变化，其对时尚也有了更新的认识，从之前被动选择服装转化为主动选择，尤其是"80后""90后"的消费人群，对时尚风格有了更多的要求。市场调研正是通过各种调研手段掌握消费者需求的过程，通过调研能够了解消费者对产品的色彩、款式、面料、风格等属性的反映，这些都为设计师下一季的产品开发提供了很好的信息支持，为进一步优化产品设计提供帮助。

二、为企业运营决策提供依据

有经验的企业管理者不会凭主观想法去制订企业的销售运营策略，而是会对市场进行充

分地分析，了解消费者的消费习惯、竞争对手状况等，针对市场制订合适的营销策略。

三、掌握竞争对手情况，扬长避短，提高品牌市场竞争力

目前服装市场竞争激烈，相似的品牌层出不穷，通过市场调研可以了解市场上竞争品牌的优劣情况，运用差异化手段，及时优化产品结构及经营方式，提高品牌的市场认可度及占有率。

第二节 市场调研的内容

市场调研需要从多方面去收集目标市场相关的信息，不仅掌握目标消费者的情况，而且要对流行、风格、货品结构等多方面进行调查，具体调研的内容如下。

一、消费者调研

消费者是设计师品牌的购买者及服务对象，因此设计师品牌产品和服务都需要建立在对消费群体的需求进行充分调研的基础上。现阶段消费者的需求呈现多元化的表现，尤其是设计师品牌的消费者在个性需求、文化需求等方面逐步向更高的趋势发展，影响消费者需求的因素主要有年龄、性别、收入、职业、文化等。

（一）年龄因素

不同年龄段的消费者对时尚产品的选择有一定的差异性，一般情况下，年轻人自我表现欲望强烈，喜欢追求新鲜潮流的时尚产品，中老年人在服装的选择上更趋于保守，注重舒适性与功能性。不同年龄段的消费者的身材特征也不同，须根据目标消费者的年龄特征综合考虑产品款式、色彩、面料、尺寸等要素。

（二）性别因素

由于生理及心理的差异，男性与女性在服装消费心理行为上存在明显不同。女性消费者比较感性，容易冲动消费，购买服装时更看重其美观性。男性消费者则更理性，购买服装产品时除了外观之外更注重实用性、方便性等。

（三）收入因素

经济收入决定服装消费者的消费层级，直接影响其消费心理。为温饱发愁的低收入群体即便喜爱奢侈品也不会一掷千金。当消费者收入高且稳定时，往往会选择高品质产品，并且消费频率也会相应增加。

（四）职业因素

消费者在社会中担任的角色不同，选择时装产品也会存在一定的差异。例如，教师在服装的选择上往往倾向于知性优雅、内敛含蓄的服装风格，不会选择过于前卫夸张的服装风格。商务人士在服装的选择上更看重商品的品质与工艺。从事艺术行业的人士更钟情于能够展示个人风格、设计感强的服装产品。

（五）文化因素

不同国家的地域文化也直接影响消费者的消费心理。例如，巴黎消费者更愿意购买优雅、浪漫、色彩和谐的时尚产品，他们通常认为花花绿绿的服装是吉卜赛风格。而以前卫著称的伦敦消费者则更钟情于时髦前卫、设计大胆的服装。又如，在中国并不畅销的珠片小礼服在英国大受欢迎，因为英国的酒吧文化使更多女性消费者热衷于购买此类小礼服。

（六）性格因素

人作为不同社会条件下的产物，在性格、爱好、品位、志趣方面都有差异。一些年轻人喜欢含蓄内敛、成熟稳重的风格，而有些年轻人喜欢热情奔放、前卫时尚、凸显个性的风格。有人喜欢朴素舒适的田园风，有人则中意雍容华贵风，这些都是消费者个人因素的体现。同时，不同的性格也会产生不同的消费习惯，如习惯型购买行为、理智型购买行为、经济型购买行为、冲动型购买行为等。习惯型购买行为是指由于消费者对某个品牌或者企业产生了良好的信任感，具有很强的品牌忠实度，有固定的消费习惯和偏好，购买时的目标也比较明确。理智型购买行为多发生在理智型性格的消费者身上，他们在做出购买决定之前要经过深思熟虑，不容易受他人影响，并且对自己的需求非常明确，不会随意购买。经济型购买行为是指比较看重产品的价格，追求经济合算的商品，并且由此获得心理上的满足感。针对经济型购买行为消费者，在营销策略上可以采用打折促销的方式，让其感觉买到了物美价廉的商品。具有冲动型购买行为的消费者一般比较感性，容易被产品的宣传或者促销人员的宣传打动而做出购买决定。针对不同性格的消费者，设计和营销过程中应制订相应的策略，因此对消费者性格的分析及调研也是必不可少的。

（七）地域因素

不同地区的消费者有着不同的生活方式和风俗习惯，在时尚产品的选择上也有很大的差别。例如，北京、上海等一线城市的消费者对服装产品的时尚度要求要比二三线城市的消费者高。而南方和北方的消费者对服装产品面料的要求也明显不同。我国幅员辽阔，当冬季北方飘雪的时候，南方还是艳阳高照，南北方消费者购买衣服的保暖需求自然不同。

（八）心理因素

消费者的心理会影响消费者的购买行为，影响其消费的心理主要包括求异心理、从众心理、功能实用心理、求廉心理及炫耀心理等。收入水平的提高增强了人们追求新颖服装的动机，人们在选购服装时不仅注重服装的造型美，更注重服装与自我个性的一致性。尤其是年轻消费者更希望通过服装来彰显自己的与众不同，这是消费者的求异心理。消费者购买行为还存在从众现象，如喜欢去人多的商店，喜欢追逐某些广泛流行的元素等。此外，一些理性的消费者更看重服装的实用性和功能性，如面料的舒适性、保暖性等，这些因素也能够促使消费者产生消费行为。随着消费者财富的积累，一些高档服装除了满足人们的审美需求、功能需求外，还能够凸显穿着者的社会地位，彰显其身份，满足穿着者的"炫耀"心理，如一些奢侈品大牌尽管价格昂贵，仍然有许多消费者争相购买，除了奢侈品的品质特征外，一些消费者更喜欢奢侈品带给他们的心理满足感。

以上因素都会影响消费者购买服装的行为，因此在调研过程中，对消费者的需求要从多方面去调查，掌握目标消费者的需求特点，才能够为服装产品的设计和营销提供有力的信息支持。

二、 消费环境调研

消费环境对设计师品牌的设计与运作产生重要的影响，因此其也是调研的重要内容之一。

（一）社会环境

纵观历史，一个国家的政治制度及宗教环境在一定程度上影响着服装的风格。在服装品牌设计及运作的过程中要充分考虑这些环境因素，设计应与外部环境相融合，不能游离于社会环境之外，同时在服装销售过程中也要遵守当地的社会制度、法律法规等，避免出现不正当竞争或者触犯当地法律的行为。

文化环境反映了一个国家和地区人们的审美观、价值观、生活方式、文化传统等。文化环境是经过长期文化积淀形成的，代表了一个国家和地区的底蕴。文化环境直接影响着当地人们的穿衣风格及消费习惯，如历经数百年，法国形成的浪漫而优雅的文化环境使法国消费者倾向于色调柔和、款式优雅的服装，而英国前卫的文化熏陶使英国年轻人钟情于色彩大胆、款式前卫的服装。设计师品牌在产品设计及营销运作过程中也要结合当地的文化环境，制订相应的设计及营销方案。随着我国经济水平的提高，国民的文化自信不断增强，现阶段"国潮""国风"广受消费者喜爱，许多品牌也推出"国潮"相关系列。

市场经济环境与消费者的收入息息相关，也影响着消费者的购买力。在经济环境的调研中需要调查分析消费者的收入、支出变化及储蓄和信贷情况等。此外，还要分析不同地区经济发展水平。不同地区经济发展水平的差异也会影响企业的设计及运营，如我国设计师品牌一般分布于一线、二线城市，主要考虑到当地的经济环境及消费者的经济状况与品牌的定位相吻合。

（二）信息科技环境

在现代社会中，信息和科技日新月异，不断地影响着我们的生活。信息和科技对设计师品牌的影响主要体现在以下方面。

1.面料及工艺

随着科技的发展，服装面料不再像以前那样单调，除了棉、麻、毛、丝这些天然纤维及传统的锦纶、氨纶等化学纤维外，还出现了竹纤维、玉米纤维、牛奶纤维等多种新型纤维。这些新型纤维制作的面料不仅外观自然美观、手感舒适，而且具有更好的透气性和吸湿性。在服装工艺方面，随着人们消费意识的变化，消费者对服装工艺的需求也在不断变化。服装工艺从以往传统的绣花、印染等工艺发展到激光雕刻、对丝、三维（3D）打印等，这些新工艺给消费者带来了全新的穿着体验。设计师在设计前可以对面料及工艺进行广泛调研，关注新的面料技术及服装工艺，在设计过程中充分利用这些技术的创新性提高产品竞争力。

2.设计及制作

服装设计及制作技术也是调研过程中需要关注的内容之一，随着计算机网络技术的快速发展，服装设计及制作变得更便捷、更逼真。传统的设计及制板采用手绘及手工制板方式，如今，利用计算机辅助设计（Computer Aided Design）如Photoshop、Adobe Illustrator、CLO3D等设计及制板软件，不仅可以更好地将设计师的想法表达出来，还可以进行3D虚拟试衣，即不用经过裁剪制作就可以在计算机中模拟客户穿着服装的效果。这样不仅大大节省服装产品开发的时间，还能够通过模拟试衣提前让代理商或买手看到服装试穿的效果，共同探讨、筛选及修改，提高款式的畅销度。

3.营销手段及渠道

近几年，在互联网技术的支持下，服装营销渠道不断推陈出新。十几年前，消费者的主要购物渠道是线下实体商店或商场，现在则出现了各种购物方式，除了淘宝、京东等电商平台外，还有内容营销、直播营销、知识产权（IP）营销、虚拟现实（VR）营销等多种方式。内容营销是指利用软文营销，精准定位消费者的微博、微信及自媒体营销等，如蘑菇街、美丽说、微信公众号等。直播营销是借助抖音等直播平台，采用一对多的聊天方式进行产品营销，现在越来越多的品牌开始采用直播营销的方式进行产品推广，直播的火热程度也为网络主播们带来了丰厚的收益，直播营销渐渐成为许多品牌的营销渠道。IP营销是借助知名人士自身的吸引力，摆脱单一平台的束缚，在多个平台上获得流量的营销方式。VR营销是借助虚拟现实技术，提高电子商务体验感的营销方式。信息科技不断发展带来的营销革命，每一项新科技从推出到成熟，都是流量的红利期，可以帮助品牌获得巨大的利润，因此科技环境的观察与分析也是调研环节不可忽略的内容之一。

4.生产及运营管理技术

借助信息技术，企业能够降低生产成本，缩短交货期，并且可以更便捷地统计生产环节的数据。在信息系统的帮助下，企业人员可以随时掌握生产环节的各项信息，如生产进度、面辅料信息、库存信息等，实现对订单的及时跟踪，保证订单的交货时间及质量。在品牌管理过程中，利用先进的信息技术，能够实现门店系统、客户管理系统、库存系统相互衔接，建立企业快速反应体系，有效提高企业对市场的反应速度。

三、 流行趋势调研

流行存在于社会的方方面面，是社会文化的一种体现，如流行音乐、流行建筑装饰风格等，而服装也是流行最直接的表现形式之一。流行与服装紧密相连、相互包容又彼此影响。设计师在进行产品设计前需要从各方面调查流行信息，从中获取既适合品牌定位又能给予其灵感的元素来进行创作。

（一）流行时尚的概念及传播原理

流行时尚指的是在一定时期内，在一定区域内，在不同层次的群体中广泛传播起来的服装服饰。时尚流行具有一定的生命周期，一般会经历萌芽期、发展期、高峰期、衰退期，最后完全消失，如图2-1所示。

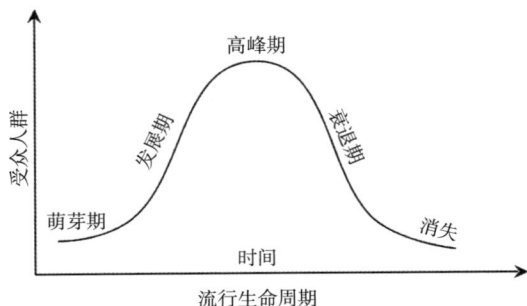

图2-1 流行生命周期图

1.萌芽期

设计师或创新者在这一时期创造出新的设计产品或者元素，这一阶段只有创新者、设计师、艺术家、买手等时尚专业人士参与其中。

2.发展期

随着流行的传播，喜欢尝试新设计的时尚爱好者，如时尚博主、明星名流、时装编辑等认识并接受了这些新设计，借助自身的影响力向周围的人传播这些新设计产品或元素。此时，一些快时尚品牌及零售商也开始模仿和制造包含此类流行元素的商品，并且开始投放市场进行测试销售。

3.高峰期

随着明星、时尚博主、快时尚品牌及零售商的带动，越来越多的普通消费者开始接受并消费这些新的流行元素，新的潮流开始普及。这一时期，市场中的品牌商、服装企业会加大此类流行元素产品的投入，配合相应的广告宣传，使这些产品成为市场热卖的商品。此时流行达到了高峰。

4.衰退期

经过一段时间的发展，原流行元素逐渐被新的流行元素取代，本周期的流行过程逐渐完结和消失。由于多种因素作用的影响，流行接受的程度与范围有大有小，流行周期有长有短，流行时尚也会出现不可控的状况。

按照流行元素流行时间的长短，可以分为短线款、潮流款和经典款。短线款指流行时间很短，受众群体小的产品；潮流款即在市场上流行了一两个季度，受众群体广的产品；经典款则是在市面流行时间长久，不容易被淘汰的流行元素，如小黑裙、Polo衫等（图2-2）。

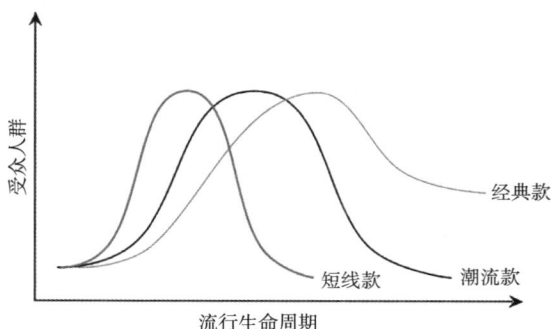

图2-2　短线款、潮流款、经典款流行周期图

（二）流行传播模式

1.自上而下式

潮流由艺术家、创新者、设计师等创造出来后，被先锋时尚人士追随，这类人群通常有敏锐的时尚嗅觉，热爱时尚，勇于尝新，如明星、时尚博主等。这些时尚先锋人士通过各种媒介影响其周围的人，使新潮流在大众消费者中广泛流行。这种流行模式是个别人创造、少数人引领、大多数人追随的模式，呈金字塔状（图2-3）。

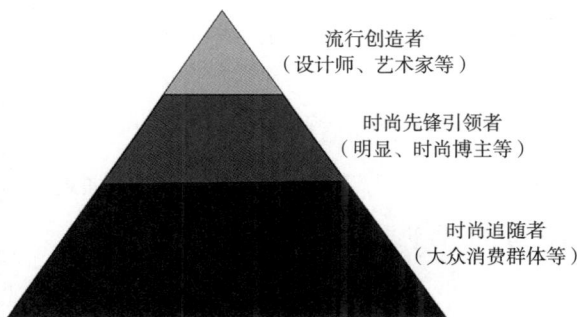

图2-3　流行传播模型

2.水平传播式

随着工业和信息化的发展，借助杂志、互联网等平台，媒介能够把有关流行的大量信息同时向社会各阶层传播，于是流行实际上在所有社会阶层中同时开始。全世界的时尚之都可以借助互联网将其时尚元素向全球扩散，各阶层的消费者都可以迅速地接收时尚流行资讯，并且相互传播。

3.逆向传播式

相对于流行由设计师或创新者创造，逐渐向消费者传播的方式，逆向传播指流行由消费者创造并被大众接受，影响创新者的方式。例如，牛仔裤由美国淘金工人的工作需要而诞生，由平民阶层向精英阶层逐渐传播，继而引发全球流行热潮。

传播是时尚流行的重要手段和方式，如果没有传播就没有流行，也就无法呈现多种多样的着装风格。同时流行又被多种因素左右，如政治、经济、文化、科技等。

（三）流行趋势的调研内容

在进行流行趋势调研时，需要收集以下流行资讯。

1.流行主题

主题是设计的中心思想，反映了人们的文化诉求，调研人员可以通过查阅相关的文化艺术作品、流行趋势网站，或者通过消费者调研来收集流行主题。

2.流行款式

需要调研流行服装廓型或细节特征等。调研者可以通过实体店铺调研、线上取样、样衣采买或收集流行趋势报告等获取流行款式信息。

3.流行色彩

在品牌设计中，流行色彩往往和品牌色彩一起构成设计色彩，设计师选择色彩时通常需要参考流行色彩，因此流行色彩也是流行趋势调研的重要内容。调研者可以通过分析国际T台秀场色彩或收集权威色彩机构的色彩报告获取相关的流行色彩信息。

4.流行面料

在品牌设计开发中，流行面料对产品面料体系的构建起着指引作用，设计师通常会选择一部分流行面料或者相似的面料应用于产品设计。调研者可以通过参加专业的面料展会或者收集权威面料机构的面料趋势报告获取流行面料信息。

5.流行品类

品类指服装的主要种类，如夹克、衬衫、连衣裙等，每季的流行品类都会随着流行风向的不同有所差异，买手可以通过街头调研、流行机构预测等方式获取相关信息。

（四）流行趋势的调研途径

品牌策划师和设计师可以通过多种途径获取流行趋势信息，方法如下。

1.专业的时尚咨询机构及官网

市场中提供时尚资讯的机构，如世界时尚资讯网（WGSN）、流行时尚（POP FASHION）

等专业资讯机构，设计师可以通过专业资讯机构获得下一季的流行趋势，包括色彩、面料、款式、主题等。

国际著名的服装流行预测机构包括美国国际棉花协会（CCI）、美国色彩协会（CAUS）、潘通色彩研究所（Pantone Color Institute）国际羊毛局（IWS）等。

2.服装发布会

每一季服装发布会都是品牌策划师及设计师获取流行资讯的重要渠道，如今全球许多国家和地区都有自己的时装周，比较知名的有巴黎时装周、伦敦时装周、米兰时装周及纽约时装周，东京时装周和中国国际时装周是亚洲知名的时装周。成衣品牌的发布会每年举办两次，一般提前半年发布新一季的服装，与成衣时装周不同，高级时装周每年只在巴黎举办两次。知名的品牌通常会引导新一季的流行趋势，品牌策划师及设计师通过对时装发布会的分析总结也能够获得重要的流行信息（表2-1）。

表2-1　时装周时间表

时装展	举办时间	季节
高级时装周（巴黎）	1月	春/夏
成衣时装周（巴黎、纽约、伦敦等）	2月/3月	秋/冬
高级时装周（巴黎）	6月	秋/冬
成衣时装周（巴黎、纽约、伦敦等）	9月/10月	春/夏

3.街头及日常流行

消费者日常的穿着及生活方式，传递出当地群众对流行的理解及接纳程度，同时根据流行的传播模式，源于普通消费者的流行元素也能够引起广泛传播。通过对街头及日常流行的观察及调查，能够为产品设计及营销提供信息支持，尤其有助于快时尚品牌对市场快速做出反应。

四、 竞争对手调研

通过对竞争对手的调研，可以了解竞争品牌的设计及运作情况，经过对比分析，总结各自在市场竞争中的优劣势，扬长避短，增强本品牌的市场竞争力。竞争对手的调研可以从以下几方面着手。

（一）品牌风格及定位

掌握竞争品牌的风格及定位，可以通过实地调研、网络信息搜集等多种方法展开。通过对竞争品牌风格及定位的调研，掌握其风格特点、消费群体定位、企业文化、产品定位、销售渠道分布等多方面内容，并且可以利用实地采访和填写调研问卷的方式掌握消费群体对品牌及其产品的认知和接受程度。调研时可以选择单个竞争品牌进行调查分析，也可以选择多个竞争品牌进行对比调研。在调研品牌风格时，可以将品牌的基本信息及风格定位进行汇总，通过信息罗列的方式分类描述品牌概况。表2-2为品牌EIN的风格及定位。

表2-2　设计师品牌EIN基本信息表

品牌名称	EIN	成立时间	2002年
所属公司	深圳玮言服饰有限公司		
品牌风格	融入北欧生活美学及茶文化，尊重自然与人文平衡共处，将设计视觉与穿搭多样性结合，创造出优雅独特、舒适质朴的服饰系列，展现现代女性自信、乐活的生活方式		
目标消费群体定位	主要是知性、富有文化内涵的成熟都市女性，有较高的生活品位及经济能力，热爱生活，追求较高的生活品质及丰富的内心需求		
设计理念	崇尚品质而非物质，强调内心需求的生活方式和着装理念，用设计美学呈现服装多样性，简洁而富有韵味 以工艺创新探索服饰表现，不追求衣着奢靡，舒适而富有品质，营造细致的风格，传达人文关怀		
销售渠道	线下实体店及线上天猫店铺		

（二）竞争品牌产品调研

竞争品牌产品调研由多个调研内容组成，包括产品形象、产品系列、产品线、产品设计、产品价格及销售情况等。通过对竞争品牌产品的调研，能够获得详细的产品信息，为自身品牌的设计与营销提供参考，取长补短，优化开发。

1.产品形象

产品形象简单来说就是服装产品留给消费者的总体印象，是品牌形象的直接反映，良好的产品形象能够给消费者留下深刻的印象，并且增强消费者对品牌的信任感。调研产品形象可以从品牌整季的产品入手，逐渐细致到产品的款式、色彩、面料、设计细节、工艺等方面。以设计师品牌EIN为例，经过调研，可以了解EIN的产品色彩倡导衣物之色源于自然之物，既展现自然又回归自然，如草木的杏、果实的咖、大海的蓝、山川的褐，搭配柔和的绿、粉、橘等色彩，给人以大自然般的舒适与恬静。在款式设计上，EIN的产品摒弃了繁复的设计手法，款式简单、造型简洁，以减少、净化来摒弃琐碎，线条流畅自然。在面料的选择上，产品主要采用天然材质的棉、麻、毛、丝及天丝、竹纤维、聚酯纤维等质地柔软、舒适亲肤的面料，多样的材质肌理结合简约的线条，营造出简约而不简单的视觉形象。在细节设计上，或许是领口的一粒珍珠，或许是袖口拼接的一段蕾丝，或许是腰间一处有韵味的抽褶，都体现出设计师对细节与品质的追求。

2.产品系列

设计师品牌通常根据目标群体的需求差异推出不同的系列，各系列在延续品牌风格的基础上又有一些差异，以便满足更多消费者的需求。表2-3为EIN品牌的系列划分。

表2-3　EIN品牌系列划分

系列	E系列（都市优雅线）	I系列（都市创意线）	N系列（生活旅行线）
定位	E代表Elegance，无论是对人还是对物，优雅是一种生活态度，对人是举止谈吐间的优雅，反映在着装上则是用优雅的风格来反映内心的从容，E系列完美诠释了现代都市女性对高品质优雅生活的追求	I代表in，强调女性的独立精神，凸显品牌个性及现代新文艺女性气质，主张创新的探索精神。在I系列中，设计师用创造、打破、发现的手法最大化地在创意空间里进行设计探索，为穿着者创造独一无二的可能	N代表Nature，意为"自然、自在"，自然之物是天然生长，没有固定形态，强调无拘无束、轻松舒适的生活态度，同时又有年轻活力无限循环之意。N系列款式休闲舒适，从面料到设计都表达一种天然、健康、环保的生活方式与自信积极的生活态度
目标人群细分	喜欢浪漫、拥有优雅生活态度的都市女性	倾向展示自我个性的消费者，如文艺工作者、艺术爱好者	热爱旅行，追求着装舒适度，懂得令身心自在并享受生活的文艺女性
产品设计			

3.产品线

不同品牌根据自身品牌优势及风格，在产品线的分布上会有一些差异，如Max Mara侧重大衣的产品线，迪赛（Diesel）侧重牛仔的产品线。服装产品线一般按照穿着品类可以分为以下几种。

（1）连体装：指上下两部分相连的服装，主要指连衣裙及连体裤。

（2）套装：通常指上下相配套的一套服装。

（3）外套：指穿在最外层的服装，有夹克、卫衣、风衣等。

（4）衬衫：指日常穿着的衬衣或花式衬衣。

（5）T恤：通常指圆领或翻领的针织类上衣，袖子可以是短袖，也可以是长袖，为夏天常穿的款式。

（6）半身裙：从腰部开始的裙子。

（7）裤子：从腰部向下至臀部后分为裤腿的衣着形式，穿着行动方便。

通过对产品线的调研分析，能够为服装产品企划提供有力的数据支持，在新一季产品开发时，合理地分配产品比例。图2-4为某女装品牌2019年春夏季产品线分布图。

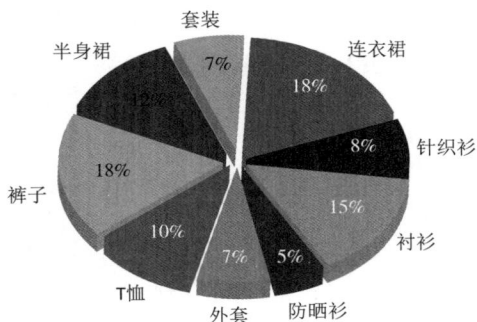

图2-4 产品线分布

4.产品设计

对产品设计的调研包括产品的材质、色彩、图案等，通过对这些内容的调查分析获得产品设计的数据参考。表2-4、表2-5 S女装品牌产品设计分析。

表2-4 S女装品牌产品主要材质分析

面料	成分	应用款式
桑蚕丝	100%桑蚕丝	连衣裙、衬衫、吊带背心
丝棉混纺	30%桑蚕丝、70%棉	连衣裙、衬衫、防晒衫
苎麻（印花）	100%苎麻	外套
棉质蕾丝	51%聚酯纤维、49%棉	连衣裙、上衣、半身裙、套装
针织混纺	60.2%黏胶纤维、39.8%棉	卫衣、外套、T恤
雪纺	100%聚酯纤维	连衣裙、衬衫、半身裙
棉麻混纺	55%棉、45%麻	连衣裙、裤子、外套、半身裙
平纹透气棉	58%棉、42%聚酯纤维	外套、半身裙、裤、T恤

表2-5 S女装品牌2019年春夏产品图案及印花分析

图案/印花	图案工艺	应用款式	图片
波点	印花	连衣裙、衬衫、半身裙	

图案/印花	图案工艺	应用款式	图片
条纹	印花	连衣裙、裤子、衬衫	
花卉	印花、刺绣	衬衫、上衣、连衣裙、T恤	
抽象图案	印花	连衣裙、衬衫、外套、半身裙	
格纹	机织	连衣裙、裤子	

5.产品价格

不同服装品类的定价策略也有一定的差异，通过对品牌价格带的调研，能够为设计师提供明确的价格参考，便于设计师进行成本控制。同时，对竞争品牌价格的调研还有助于本品牌在定价上获得一定的竞争优势。在进行价格调研时，为了便于统计，一般将产品按照品类进行归类，统计其价格范围。表2-6为S女装品牌2019年春夏产品价格分布。

表2-6　S女装品牌价格分布

品类		价格带（元）	主力价格带（元）	单款单色（SKC）数量/件
上衣	衬衫	798~1999	1489	32
	T恤	498~998	659	20
	卫衣	899~2299	1699	12
	背心	459~899	599	9
外套	夹克	1299~2599	1989	10
	风衣	1689~2999	2489	8
	防晒衣	869~1599	1299	9
针织类	针织衫	868~1688	1268	15
连体装	连衣裙	998~3288	2088	42
	连体裤	1699~2699	1799	8
下装	半身裙	689~1689	1369	21
	裤子	699~1899	1079	18
	牛仔裤	899~1299	1099	6

6.畅、滞销款

服装商品由多种属性组成，如造型、面料、色彩、价格等，这些属性共同决定了该商品的可销售性及受众群体的范围，也决定了商品的畅销程度。在调研过程中，通过对畅销及滞销产品的调研分析，可以总结出服装商品畅销或者滞销的原因，为新一季产品开发提供参考建议（表2-7）。

表2-7　畅、滞销款原因分析

影响因素	原因说明
价格	一般来说，价格会影响受众群体的范围，价格越高，受众群体越小，价格越低，受众群体越大
季节	服装是否符合当地季节与气候，也是影响服装畅、滞销的重要因素，与季节气候不相符的服装一定是很难销售出去的
服装板型	服装板型属于哪一类型，如紧身、合体、宽松，还是超宽松。通常来说合体与宽松比较符合大多数人的审美，紧身型与超宽松型比较挑身材
面料特点	对于消费者而言，服装的面料直接影响穿着体验，因此面料的舒适性、易打理程度等都会影响产品的销售，面料不舒适，或者过于暴露、沉重的服装都较难销售
色彩	服装的色彩是否能够吸引消费者的注意？色彩是否挑肤色，是否难搭配？这些因素都会影响单品的受欢迎程度，过于挑人或难以搭配的色彩很难取得好的销量
设计卖点	设计卖点可以增加服装的吸引力，同时也是吸引消费者购买的因素，如果服装既有设计卖点又价格适中，那么往往会很畅销
可搭配性	可搭配性是指是否容易与其他衣服搭配，服装的可搭配性越高、越容易销售

7.营销策略

产品的营销策略直接关系到服装品牌的发展及新品的开发，详尽的营销策略的调研分析能够帮助品牌不断改进营销手段，发现新的营销模式，从而推动品牌不断发展。营销策略的调研主要从营销渠道、宣传策略、促销手段等方面入手。

8.卖场

服装卖场是服装品牌形象最直观的表现，对卖场的调研和分析有助于新产品企划时对卖场进行正确的视觉定位，帮助设计师在企划过程中更加突出表现商品特色，同时也能为营销部门制订新一季营销策略提供参考。

（1）橱窗陈列。对于卖场而言，橱窗不仅能够展示商品的信息，还是店铺服装风格的直接体现，是吸引消费者进入的重要媒介。一般橱窗的设计可以分为封闭式、半封闭式和开放式三种。封闭式的橱窗与店铺完全分离，橱窗是一个独立的空间，便于营造橱窗氛围，但顾客无法透过橱窗看到店铺内部，会产生距离感，同时封闭式的橱窗对橱窗的设计要求相对较高；半封闭式的橱窗一般用半透明的背板或隔断将橱窗与店铺隔开，顾客可以透过橱窗看到店铺的内部，容易对顾客产生吸引力；开放式的橱窗与店铺之间没有任何隔断，店铺的陈列和橱窗互相融合，容易形成热闹的气氛，但是不容易陈列。卖场的橱窗陈列应具有吸引力，引起消费者的驻足；具有被识别性，能够凸显品牌的风格并加深消费者对品牌的印象；具有时尚性，时常更新，以引导消费者获取时尚理念。

（2）卖场陈列。进行卖场陈列时，一般将店铺划分成不同的区域，每个区域按照货品的系列及波段进行陈列。卖场陈列一般由中央陈列区和壁面陈列区组成，中央陈列区处于卖场的中央，通常是整个卖场的中心区域，最能体现店铺的风格，在卖场的陈列和布局中，应将购买频率最高的货品陈列在靠墙的位置，方便客户选取，并且应注意单品之间的互相搭配，尽量展示完整的产品系列，有利于促进连带销售。

（3）模特陈列。模特道具能够直观地展示产品的穿着效果，也是最能吸引消费者的陈列方式之一。在进行模特陈列时，应选用具有系列感、设计感的产品来创造视觉空间，营造区域焦点，从而达到吸引消费者，增加购买概率的效果。

（4）试衣间及休息区环境。试衣间及休息区等细节能够体现出品牌的服务品质，温馨舒适的试衣及休息环境能够给消费者带来细致的人文关怀，提升顾客的购物体验。顾客在试衣间试衣的时间占据整个销售过程的大半时间，试衣的体验也直接影响消费者的购买决定，因此试衣间应给顾客提供足够的试衣空间，同时也应该有良好的私密性来保护顾客的隐私。另外,试衣间的装修不能过于简陋，配合合适的灯光效果，尽量给顾客营造干净、舒适的试衣环境，从而提高消费者的购物欲望。

休息区也是能够提升消费者购物体验的绝佳场所，休息区应放置沙发、茶几及茶水、点心、杂志等物品，为消费者及陪同人员提供放松休息的环境，也是提高业绩的有效方式。

（5）灯光环境。卖场的灯光不仅仅是为了照明，还对服装起着烘托的作用。不同的灯光会带来不同的效果，若全是冷光会显得店铺不够温馨，全是暖光又会显得店铺不够明亮，选择灯光时要考虑既能显示商品的真实感，又能显示商品的高级感，根据卖场的陈列进行适当的冷暖光结合，调整为最舒适的购物灯光环境。

（6）卖场服务。导购的服务是影响销售业绩的重要因素，也是品牌文化的体现。由于消费者个性化的消费需求，店员不能千篇一律地对待所有客户，不同的客户需要采用不同的销售策略，店员应了解顾客的消费心理，掌握一定的沟通方式及技巧；同时导购还需要具备一定的服装保养及搭配知识，能够根据不同顾客的个性和体型为他们选择合适的产品。卖场导购温和的话语、耐心的态度、专业的服务对消费者来说是最好的促销手段，也是市场调研需要关注的内容之一。

基于以上内容，经过对S女装品牌的卖场调研，能够掌握以下信息（表2-8）。

表2-8　S女装品牌卖场调研表

S品牌卖场调研		图片	调研信息
卖场外部环境			S女装品牌店铺所处的商场是地铁站上的大型高档地标性商业广场，S品牌处于商场西门至南门的中间位置，对面商铺是年轻女装，后门对面商铺是女鞋，斜对面是洗手间，距离地铁口较近，地理位置优越
店铺内部环境	卖场装修		S女装品牌的装修以暖黄、原木色为主，贴近自然，又带来一丝丝青春活力，很符合自身品牌风格，即自然、成长、喜悦；店铺整体给人大气的感觉，舒适，富有原创设计元素，自然气息浓厚
	卖场区域划分		店铺划分为6个区域，由13个龙门架，2个中岛组成：其中A区域有货架2个，B区域有货架3个，C区域有货架2个，D区域有货架3个，E区域有货架1个，V区域有货架2个
店铺内部环境	货架陈列		正挂： ·以SA款/主推款为主成套搭配展示 ·正确搭配饰品 ·正挂与侧挂色彩相呼应，合理运用主配色搭配原理 侧挂： ·数量：每杆陈列8~12个单品 ·色彩：主推色+基础色/点缀色的规律;每2个衣架同色出样 ·首尾两套整套搭配 ·衣架2短1长出样，强调整组产品长短韵律感，且衣架方向统一朝向门口 ·外套、马甲类服装必须有内搭搭配

续表

S品牌卖场调研		图片	调研信息
店铺内部环境	模特陈列		·以SA款/主推款为主成套搭配展示 ·正确搭配饰品 ·模特与侧挂色彩相呼应，合理运用主配色搭配原理
	试衣间环境		试衣间空间足够，环境舒适，试衣间里有挂衣服的支架勾4个，上面还有小纸条提示（亲亲：小心我们的衣服弄花您的妆容喔），另有盆栽摆设、一张凳子、一双高粗跟拖鞋，方便客人试衣
	灯光环境		招牌照明：明亮醒目 陈列照明：室内使用数盏射灯照明、模特上方 橱窗照明：满足路过的顾客对商品的视觉诉求
	休息区环境		休息区处于店铺中间位置，两张大大的真皮沙发，给人大气高端的感觉，桌上有糖果、纸巾、泡好的茶、一次性纸杯、画册等，细节到位，服务贴心

续表

S品牌卖场调研		图片	调研信息
店铺内部环境	橱窗陈列		店铺橱窗为半封闭式橱窗，通过橱窗可以看到店铺内部的环境；橱窗陈列的系列性不强，缺少装饰品，整体欠缺吸引力
卖场服务			卖场导购态度亲切，服务贴心，具体包括： ·导购：穿工衣（穿版），化淡妆 ·采用321原则：3米微笑、关注，2米微笑、迎宾语，1米眼神、适当的动作指引 ·迎宾语：Hello,欢迎光临，挑选一下 ·接待顾客，为顾客推荐产品 ·建议顾客试衣服并推荐和搭配整套，帮顾客整理衣服 ·指引顾客到收银台交款，叠好衣服装进手提袋，并告知洗涤和保养方式，为顾客介绍会员卡 ·送顾客，把顾客送到门口：您慢走，有时间再来

第三节　调研的流程及方法

一、调研的流程

　　调研是运用科学的方法，对确定的目标进行调查、分析、研究的过程，通过合理的调研可以获得调研对象全方位的信息，经过对这些信息的整理、分析，得到对品牌设计及运营有用的信息，进一步提高品牌的市场竞争力。科学的调研流程和调研方法是取得调研成功的关键。调研的流程包括确定调研目标、策划调研方案、执行调研方案、调研数据整理分析、撰写调研报告等环节，如图2-5所示。

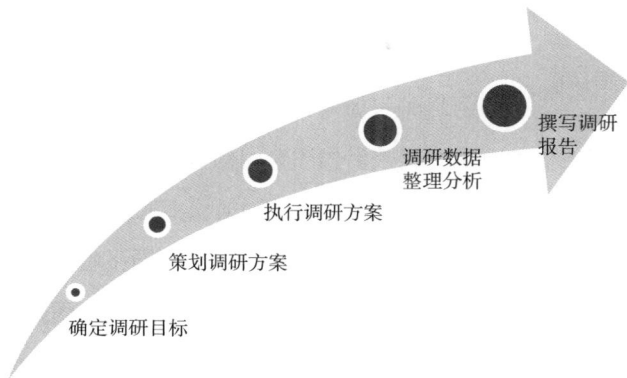

图2-5　市场调研流程

（一）确定调研目标

服装市场调研的目的是为品牌新一季的开发和营销提供数据参考，帮助企业更好地发展。在进行市场调研之前，调研的组织者需要对品牌的现状进行分析，明确哪些问题需要经过调研来解决，即明确调研的方向和内容。

（二）策划调研方案

为了确保调研的顺利进行，组织者需要制订和策划详细的调研方案，方案需包含调研的时间和地点、调研人员的安排、调查的对象、样本的抽取、资料收集及整理方法等内容。为了保证调研的全面性，在调研时间的选择上，一般选择几个具有代表性的时间段，以便覆盖更多的调查对象，如工作日的中午及晚上、周末、节假日等。调研地点也应选择目标消费者较集中的地方，如大型的购物中心、步行街及品牌旗舰店等场所。

（三）执行调研方案

根据制订好的调研方案便可组织调研人员进行调研，在调研过程中应遵守当地的法律法规及风俗文化，合理运用调研手段，做好详细的记录以便日后分析使用。

（四）调研数据整理分析

调研实施结束后，便进入调研数据的整理和分析阶段，经过对调研数据的筛查、归类及分析获得有效的结论。常用的数据方法有对比分析法及分组分析法，对比分析法指将两种不同的对象进行对比，寻找其中的差异，如对于品牌风格的调研，可以将两个品牌进行对比分析。分组分析法是按照数据特征，将数据进行分组分析，如在进行消费者调研时，可以将消费者数据按照性别、年龄等进行分组分析。

（五）撰写调研报告

调研报告是对调研工作的总结，调研报告一般由题页、目录、正文、结论与建议及附件等内容组成。题页点名了调研报告的主题，包含了调研标题、调研单位、日期等内容，调研的标题应使用精练、概括性强的文字，言简意赅，清晰呈现调研主题。调研报告的目录包含每个章节的名称，使读者可以从目录中了解到调研报告的大致内容。调研报告的正文是调研报告的核心，正文中应对整个调研过程、调研内容、调研方法及调研分析等做清晰的阐述，并可以运用数据、图表、图片等一手资料来增加报告的说服力。结论与建议部分是针对调研结果分析得出的结论，也是对调研工作的总结，也可以结合品牌的实际情况提出合理的建议。报告最后可添加附录，附件内容通常包含调研过程中用到的调查问卷、抽样名单、访谈记录等，以便查询。

二、调研方法

选择科学合理的调研方法是调研工作取得成功的前提，市场调研的方法按照不同的调研标准及类型划分方法也不同，服装企业可以根据自身的情况选择适合的市调方法，常用的调研方法可以分为文案调研法和实地调研法。

文案调研法又称为间接调研法，是指通过对已有的资料进行分析、整理，从而获得调查目的的信息。与实地调研法相比，文案调研法不受时间与空间的限制，如利用互联网进行问卷调研，收集消费者的信息。

实地调研法又分为观察法、询问法和实验法。观察法是指调研人员通过调研对象的现场观察来收集相关资料，观察法不需要与调查对象接触，直接记录观察到的事实，通常适用于客流量、提袋率等内容的调研。询问法是通过向被调研者提出问题，从而获得所需的信息，如访谈、电话访问等，询问法可以了解消费者对品牌的了解程度、满意度及消费者个人偏好等。实验法是指通过某些实验行为来测试某一产品或者营销活动的效果，如一些快时尚品牌开发出新产品后先小批量地生产投放市场，根据消费者的接受程度来决定是否大规模生产及推广。品牌企业可以根据自身的情况选择合适的调研手段。

三、 调研问卷的设计

问卷调研是市场调研最常用的方法之一，通过问卷调研能够广泛收集调研信息，在设计调研问卷时，通常要包含被调研者的基本信息及调研问题的主体。被调研者的基本信息为年龄、性别、职业、学历及收入等情况，问题主体由与调研目的相关的问题组成。

思考题

1.影响消费者需求的因素有哪些？

2.流行趋势的调研途径有哪些？

3.选择一个目标设计师品牌进行市场调研，并撰写调研报告。

第三章
灵感调研

灵感是设计师的创作源泉，灵感调研也是设计过程必不可少的环节。设计大师约翰·加利亚诺（John Galliano）曾说："创造性的调研是所有原创设计得以强化的秘密或诀窍。"好的灵感调研能够帮助设计师完善设计思路，构建系统的设计系列。

第一节 灵感调研的内容

设计是一种把想法通过合理规划及各种感觉形式传达出来的过程，在此过程中设计师需要源源不断的灵感来进行创作，如在服装设计过程中，服装的造型、色彩、细节、面料、系列主题等都需要设计师进行构思设计，这些要素也是灵感调研的主要内容。

一、服装色彩

服装色彩是首先映入人们眼帘的服装要素，在服装设计中，对色彩的选择和把控体现了设计总监和设计师的能力，也反映了服装创造者的个性和品位，因此对色彩的调研是在设计过程中不可或缺的部分。对于设计师来说，色彩往往是一个系列的起点，并且色彩能奠定整个作品系列的基调，设计师的色彩灵感可以来源于对外界环境的思考与提炼，也可以来源于对流行色的分析与总结。色彩的灵感可以来源于方方面面，设计师能够从大自然中、建筑中、戏剧、民族文化等多方面中获得色彩的启发，从而融入设计。

如图3-1所示，从大地原生风貌中提取的大地黄，能够反映环保守护者对自然生态的追溯，致力于循环再造的设计师以大地黄重塑可持续实用主义，大地色系的静谧美感与简约舒适力量融合，探索原生再造的崭新风貌，让人感受到来自大自然的安舒。

如图3-2所示，陶瓷蓝是从历史悠久的陶瓷工艺品中汲取的灵感，宁静的蓝色与绿色融合后呈现古典的艺术气息，结合法国先锋波普艺术家马歇尔·蕾斯（Martial Raysse）的作品中古典而又不失现代感的色彩，大胆地重塑了古典艺术，让更多人了解艺术的美好。同时，也引导人们探索如何以更为现代的方式去重新诠释经典艺术，使其更加适合未来。

图3-1　大地黄色彩灵感图（图片来源：POP FASHION）

图3-2　陶瓷蓝色彩灵感图（图片来源：POP FASHION）

　　如图3-3所示，红橙色的灵感来源于破晓时分的阳光，以偏红色犹如破晓给人的希望和光明且没有灼伤痛感的色调，象征了生机勃勃的新生活，橙色系加少许红色与棕色，给色调增添了些许复古的韵味，让服装多了几分奢华的质感。

二、 服装廓型与结构

服装廓型是指有外观边线服装的外观
轮廓，服装廓型与内部结构一起构成了服
装造型，服装廓型与结构进入人的视觉
速度和强度高于服装面料及局部细节，能
够给人留下深刻的印象，因此对服装廓型
及结构的调研是设计师灵感调研的重要内
容。许多设计师将其对大自然、人文建
筑、艺术、历史等的观察与理解融入服装
廓型中，给消费者带来了耳目一新的视觉
体验。Cushnie et Ochs 从扎哈建筑中汲取
灵感，创造了富有几何美学的服装造型
（图3-4），Dior 2007年高定作品中的造型
来源于东方的折纸艺术（图3-5）。

图3-3　破晓红橙灵感图（图片来源：POP FASHION）

图3-4　Cushnie et Ochs设计作品

三、 服装面料肌理

面料肌理是指面料表面能给人带来触觉感受的质地，随着人们生活水平的提高，消费者
对服装面料的审美要求也越来越高，对其肌理也有了新的需求，期待看到与众不同的面料。

图3-5 Dior 2007年高级定制系列

对于设计师而言，通过对肌理的调研往往能够获得对面料进行再次创造的灵感，如压褶、镂空、刺绣钉珠等。

（一）褶皱肌理

褶皱是服装中常见的工艺手段，是利用外力对面料进行抽缝、压褶形成皱褶的视觉效果，褶皱能改变面料表面的肌理形态，使其产生由光滑到粗糙的改变。褶皱的种类很多，有压褶、抽褶、自然垂褶、波浪褶等。褶皱造型优美，形态各异，压褶规整，抽褶自然，波浪褶灵动，极大地增加了视觉趣味性（图3-6）。

图3-6 殷亦晴设计作品及灵感图

（二）镂空肌理

镂空是在物体上雕刻出穿透物体本身的花纹。在服装上镂空也是一种常用的工艺，主要通过剪切、撕扯、烧花、抽纱、编结、激光雕刻等手法改变面料的肌理效果，使面料呈现全新的图案，从而提升服装的层次感和装饰性。镂空艺术是生活中常见的工艺，如雕刻、剪纸等，也经常成为设计师的灵感来源（图3-7）。

图3-7　Valentino 设计作品及灵感图

（三）刺绣肌理

刺绣是一门传统古老的工艺，即用针线在布料上穿刺，由线迹组成各种装饰图案。不同地域的刺绣风格也千差万别，如世界上的刺绣主要有中式刺绣、法式刺绣和印度刺绣。而中式刺绣又以苏绣、湘绣、蜀绣和粤绣最为出名。根据刺绣材料的不同，又分为丝绣、羽毛绣、发绣等，不同的材料和刺绣手法呈现出的肌理效果也迥然不同，如中式刺绣细腻、羽毛绣轻盈、法式刺绣华丽。图3-8运用了羽毛绣的工艺，灵感来源于禽类，图3-9服装上刺

图3-8　Alexander Macqueen 羽毛绣作品

绣的花卉与盛开的樱花如出一辙。

（四）钉珠肌理

钉珠肌理是指根据设计的图案，用针穿引珠子或亚克力管等在网格布上进行排列缝制，其效果绚丽多彩，层次清晰，立体感强。由于钉珠工艺复杂，耗时久，在成衣当中，多用于服装细节中，如领子、袖口、下摆等。

（五）立体花肌理

装饰立体花工艺是指运用丝带、织物裁条等材料在面料上设计好的位置进行拉抽、弯曲、固定、缝制等操作，得到如同立体花朵的装饰效果。通过面料的堆叠和弯曲形成的花朵造型带来层次感和体量感，具有很强的装饰性（图3-10、图3-11）。

四、服装细节

服装细节与造型、色彩、面料一样也是影响服装最终形态的重要因素，当消费者近距离接触服装时，服装细节往往是能够吸引消费者的

图3-9　Dior 2013年春夏高定系列

图3-10　Alexander Macqueen 作品

图3-11　Christian Dior 作品

独特卖点，因此设计师在进行灵感调研时不能忽略对服装细节的调研。服装细节是指服装中具体的位置、形态、工艺或部件，包括分割线、省道、褶裥、衣袖、衣领、门襟、口袋、腰头等。在设计过程中，细节元素灵感能够从不同的地方获取，如从历史、艺术品、自然界、民族文化等多方面获取。Viktor & Rolf 2019年初夏作品中的袖子造型是从19世纪的羊腿袖（Gigot Sleeve）中汲取的灵感（图3-12）。

图3-12　Viktor & Rolf 2019年春夏系列作品

五、设计主题

设计主题是系列设计的核心，好的主题能够使系列别具一格，系列设计也是围绕主题展开。系列设计中单款的色彩、款式、面料等都是主题的体现，与系列主题密不可分，设计师将其灵感融入设计主题中，通过设计主题向消费者表达情感，当表达的情感让消费者产生共鸣时，便能够增加消费者的购买概率。

主题的构思是灵感与素材不断碰撞与调整的过程，主题的灵感可能是设计师受外界事物的刺激而产生的，万事万物都可以成为设计主题的灵感来源，如源远流长的历史文化、广袤瑰丽的自然风光、日新月异的技术科技、绚丽多彩的民族文化等。

在设计过程中，服装设计的各个方面，如色彩、面料、款式、肌理等与主题联系越紧密，主题特征就越明显。图3-13通过对主题的思考，围绕主题展开色彩、面料、肌理款式等方面的素材收集，通过综合设计表达，形成《拾荒》牛仔系列。

设计师除了从外界事物获取主题灵感外，还能从流行主题中选择感兴趣的主题进行系列开发，一些专业流行趋势预测机构每季都会发布流行主题，设计师可以根据兴趣选择使用。

拾荒

主题趋势下的色彩倾向

● 男装色彩倾向

淡天蓝
天蓝
淡蓝
海蓝

雀蓝　中蓝　深蓝　黑色

色彩：
以海蓝、深蓝色为主，蓝色调非常纯净，纯净的蓝色表现出一种冷静、理智、广阔。由于蓝色沉稳的特性，具有理智、准确的意象。

系列的色彩来源于没有被污染的天空与海洋的颜色，以海蓝、深蓝为主，纯净的蓝色体现出一种冷静、理智、广阔的意境，也反映出设计师对理想中无污染的大自然的憧憬

拾荒

主题趋势下的面料特征

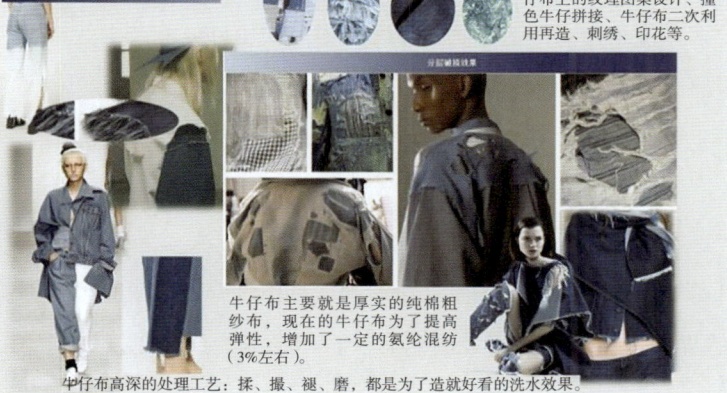

本季流行趋势下的面料：牛仔布上的纹理图案设计、撞色牛仔拼接、牛仔布二次利用再造、刺绣、印花等。

牛仔布主要就是厚实的纯棉粗纱布，现在的牛仔布为了提高弹性，增加了一定的氨纶混纺（3%左右）。
牛仔布高深的处理工艺：揉、撮、褪、磨，都是为了造就好看的洗水效果。

面料主要采用水洗牛仔面料，并运用撞色牛仔拼接、刺绣、印花、镂空等工艺对牛仔面料进行二次加工，使之呈现丰富的外观

图3-13 《拾荒》系列及主题色彩、面料灵感板（图片来源：尹志辉）

　　灵感是设计师的创作源泉，但灵感不是凭空出现的。本节将对设计师获取灵感的途径进行详细阐述。可可·香奈儿女士曾经说过，"时尚并不仅仅存在于服装中，时尚还存在于天空中、街道上，时尚与我们的生活方式以及周遭所发生的事件密切相关。"同样，灵感也能够从我们的日常生活中捕捉，生活中从不缺乏美的事物，而是缺乏发现美的能力，这种能力对设计师而言极为重要，这种发现美的能力也可称为捕捉灵感的能力。很多平时看起来很寻常的事物能够在某一刻给设计师带来灵感上的刺激，也许是一幅画作、一部电影、一首音乐、一幢建筑物，设计师需要多角度地留意周遭事物，换种观察方式也许就能产生意想不到的灵感。以下列举一些获取灵感来源的途径。

一、自然界

　　包罗万象的自然界是设计师获取灵感的绝佳场所，设计师在创作没有头绪的时候，不妨去大自然中走一走，也许自然界中动植物浑然天成的色彩、自然形成的肌理以及如画的山水景色都能带来灵感上的刺激，为设计师提供丰富的设计素材。好的设计师也能将在大自然中捕捉到的素材融入服装的造型、色彩及面料上，使设计的服装作品体现出独特的艺术思想。图3-14为Gucci 2016年秋冬系列中从自然界

图3-14　Gucci 2016年秋冬系列作品

的春羽中取得灵感展开的设计。

二、建筑

　　黑格尔曾经把服装称为"流动的建筑"。服装与建筑之间有着一脉相承的联系，也有着许多共通之处，如果说建筑是人体容纳之所，那么服装就是最小的建筑，二者都是视觉的艺术，也是政治、文化的体现，相互联系、互相影响。例如，欧洲历史上哥特时期的服装受到哥特式建筑的影响，在服饰上也流行头戴高耸的帽子，脚穿尖头鞋"波兰那"，衣襟下端也呈尖形和锯齿状，衣身上也有许多纵向的造型线和褶皱使人显得轻盈修长。近现代，设计师们也从未停止对时装与建筑的探索。20世纪90年代，皮尔·卡丹到北京旅行，从中国气势恢宏的古建筑中汲取灵感，设计出带有飞檐、斗拱造型的服装。定居巴黎的日本设计师三宅一生曾说："在巴黎，每一座建筑、每一堵墙……都能启发我进行创作"，在其作品中经常能够看到从建筑的结构及线条中汲取的灵感，三宅一生闻名遐迩的褶皱仿佛瓦片的波纹，其服饰的廓型充满了建筑的雕塑感（图3-15）。

图3-15　三宅一生作品

三、民族文化

　　服装是民族文化的体现，而民族文化又以它博大的内涵、丰富的表现形式不断地影响着一代又一代的设计师，好的设计师能够从不同国家、不同民族的色彩、图案、式样及材料中寻求创作灵感。在近现代服装发展的过程中，东方文化影响了西方众多的设计师，成为许多设计师取之不尽的艺术源泉，他们将富有东方风情的绳边、编结、流苏、盘扣、刺绣等民族手工艺融入设计中，以西方的审美诠释东方文化，充满韵味、富有新意。

许多东方设计师从本民族或者周边民族的文化中发掘灵感，将民族文化融入自己的设计作品中，创作出富有民族精髓的设计作品，赢得了世界的认可。日本设计师高田贤三、森英惠等，在他们的作品中经常能够看到东方文化的传承与创新。黎巴嫩设计师艾丽·萨博（Elie Saab）在其设计融入中东文化元素，令其华丽优雅的作品带有一丝独特的异域风情（图3-16）。

图3-16　Elie Saab富有中东风情的系列设计

悠悠华夏五千载，历史悠久的华夏文明孕育了无数优秀的传统文化和艺术，我国有56个民族，每个民族都有自己独特的风俗文化，这些璀璨的中国文化是对中国服装设计师乃至世界设计师的馈赠，是设计师探寻灵感的宝贵源泉，值得每一位设计师仔细及深入地探究。许多中国民族文化经过设计师们的演绎大放异彩。图3-17为中国本土设计师品牌盖娅传说从敦煌壁画中提取灵感，创作出美轮美奂的敦煌系列。

图3-17　盖娅传说敦煌系列

四、姊妹艺术

设计与艺术之间有着密不可分的联系，艺术包含设计，设计是艺术的表达方式，形形色色的艺术作品也能刺激设计师灵感闪现。绘画、音乐、戏剧、电影等姊妹艺术可为设计师提供源源不断的灵感素材，绘画作品是设计师最喜爱的灵感素材，许多设计师将绘画的元素巧妙地融入设计中。例如，Valentino 2015年Pre-Fall系列将波提切利画作《春》中的色彩与花卉图案融入设计中，使该系列呈现出浪漫的古典美（图3-18、图3-19）。

品牌Opening Ceremony 2014年推出以比利时超现实主义画家勒内·马格利特（René Magritte）作品为灵感的"Perceptions of Reality"系列，设计师将Magritte作品中的人脸、花朵等元素与时尚单品结合，这个超现实主义系列一经推出就受到许多时尚人士的追捧（图3-20、图3-21）。

电影、戏剧及音乐都与服装设计有着千丝万缕的联系，服装也被称为"凝固的音乐""变幻的电影"，这些

图3-18 Valentino 2015年Pre-Fall系列

图3-19 波提切利作品《春》

图3-20 Opening Ceremony 2014年系列产品

艺术领域也成为服装设计师们乐于探寻、获取灵感的场所。例如，拉夫·西蒙（Raf Simons）2018年春夏系列作品设计灵感来自电影《银翼杀手》，Raf Simons对过往作品进行回顾的同时又加以重塑，利用迷幻的霓虹灯光，印有"复制人"的中式灯笼，模特身穿黑色橡胶大衣、头戴园丁帽、手持透明雨伞、脚踩高筒雨靴……复刻了电影中未来末日诡秘感的氛围（图3-22、图3-23）。

图3-21　比利时超现实主义画家勒内·马格利特（René Magritte）作品

五、历史

　　服装是历史的留声机，经过岁月打磨的历史为设计师留下了一座瑰丽的灵感资源库，服装史更是能够从色彩、造型、面料、细节等多方面为设计师提供丰富的信息及素材，无论是唐朝的华丽还是宋朝的简约，这是拜占庭的奢华或是洛可可的繁复，都能从不同的方面刺激设计师的灵感，好的设

图3-22　Raf Simons 2018年春夏系列作品

图3-23　《银翼杀手》电影剧照

计师也善于探索历史上不同时期的服装，以旧创新，使设计更具韵味。

  时装界著名的鬼才设计师John Galliano 也非常善于从历史中获取创作灵感，在Dior 2004
年春夏高定系列中，John Galliano用作品重新展示了古埃及的神秘，金字塔、狮身人面像、
法老王、埃及壁画等通通成为其作品的设计元素（图3-24）；2007年，John Galliano又将洛可
可时期盛行的大裙摆、荷叶边、抽褶、蝴蝶结、蕾丝、缎带以及繁复的刺绣元素融入2007年
秋冬系列，给人们呈现了史诗般浪漫而精致的作品系列，仿佛将人们带到了洛可可时期的贵
族沙龙（图3-25）。

图3-24　Dior 2004年春夏埃及系列作品

图3-25　Dior 2007年秋冬高定系列

六、 科技

科技的不断发展，为我们带来了更便捷的生活方式，也不断影响着服装技术的发展，新型的服装面料及服装制作技术都能激发设计师的创作灵感，甚至引发一场服装界的革命。3D打印技术的出现颠覆了传统服装用面料剪裁、缝制的造型手段，使服装设计师们有机会进行广泛的服装立体成型实践，从而优化设计，创造出更多不同风格、不同造型的服饰，带给我们独特的视觉体验，用简单的元素进行时尚的创新。荷兰设计师艾里斯·范·赫本（Iris van Herpen）是3D打印技术的忠实拥护者，其凭借3D打印技术完成了自己众多大胆奇诡的设计。Iris van Herpen热衷改造和破坏织物原有的样貌，同时致力于研究不同材质的对撞和融合，并且将这些天马行空的想法通过3D打印技术付诸实现，从而产生奇妙的视觉观感（图3-26）。

图3-26　Iris van Herpen 3D服装系列

七、 宗教文化

在人类发展史中，宗教作为一种信仰，对人们的精神生活起着极为重要的影响，而服装作为人类发展史中特有的文化形象，也不可避免地受到宗教文化的影响。宗教文化不仅影响服装的设计，也影响人们对服装的审美。同时，宗教文化也是设计师们强大的灵感资源库，成为设计师获取设计素材的宝地。当今的服装设计师，已经不再盲目地崇拜和遵循宗教，而是从宗教文化中提取设计元素，将宗教美学与时尚相融合，设计出的作品往往有着意想不到的艺术魅力。

在我国少数民族地区，由于地域、民俗的差异，所信仰的宗教也有所不同，宗教文化直接影响了少数民族的服饰。例如，在我国藏族地区，人们崇尚天地自然，色彩上推崇白色与红色，白色代表光明与圣洁，红色代表护法神的颜色，具有独特的宗教意义。

八、博物馆和图书馆

博物馆和图书馆是设计师获取灵感资料的绝佳场所。博物馆中收藏着丰富的艺术品及历史物件，记录着历史长河中无数艺术的闪光点，这些闪光点也能够成为设计的起点。有些博物馆专注于军事、自然、美术等特色领域，并且定期举办艺术、设计、文化等多方面的展览。在互联网时代，通过关注这些博物馆的官方网站或微信公众号等就可以获取各种展览的时间，并且在5G科技及VR（虚拟现实）技术的推动下，一些博物馆还推出线上博物馆，可以让人们足不出户线上云看展，传播了更多的艺术气息，也为设计师寻找灵感提供了更多的可能性。

作为设计师，灵感的迸发也需要积累大量的专业知识和素材，图书馆作为知识宝库，不失为一个灵感调研的重要场所。图书馆里各种书籍和期刊以图片或文字的形式不断地刺激着读者的大脑，能够为设计师带来意外的收获。图书馆中时尚杂志更能为设计师带来行业中最新的时尚资讯、行业动态及时装大师的作品，这些都有助于激发设计师的创作灵感。

九、重大的历史事件

一些重大的历史事件往往会对社会产生重大影响，从而也会给设计师们带来灵感上的刺激（图3-27）。

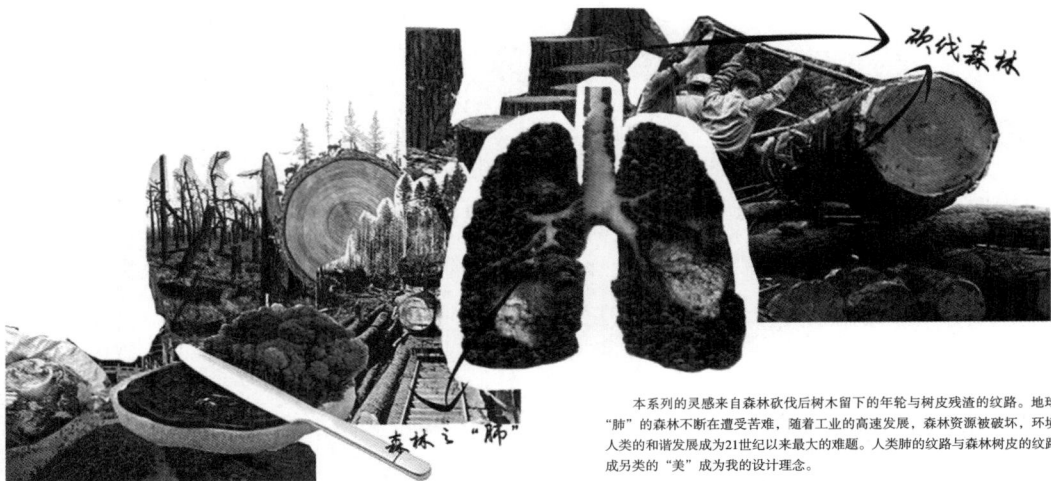

本系列的灵感来自森林砍伐后树木留下的年轮与树皮残渣的纹路。地球之"肺"的森林不断在遭受苦难，随着工业的高速发展，森林资源被破坏，环境与人类的和谐发展成为21世纪以来最大的难题。人类肺的纹路与森林树皮的纹路形成另类的"美"成为我的设计理念。

图3-27

中性色是永恒不变的经典色系，2020/2021秋冬更加柔和的灰色系与以黑色为主的深色系将回归，2021秋冬这两组将分别往不同的方向延伸扩展，但仍旧可以自由组合相互混搭，体现出矛盾式的两极分化和和谐共存的双重特性。本系列采用了黑白灰色系，寓意地球之"肺"逐渐失去生机色彩。警示人们要保护环境，不要让环境变成"黑白灰"。

在工艺方面，本系列采用印花工艺、激光切割工艺及立体面料再造工艺。

款式图

图3-27　衣脉相成系列（图片来源：黄开森）

十、偶像力量

每个时代都有具有影响力的人物，这些人物常常扮演着偶像的角色并引领时尚，这些偶像往往是设计师的灵感"缪斯"。例如，奥黛丽·赫本、杰奎琳·肯尼迪、格蕾丝·凯莉等是多位设计大师的缪斯女神，设计师们从她们优雅独特的气质上取得创作灵感，设计出许多经典系列。

十一、 网络世界

如果没有条件外出调研，互联网也是获取各种信息的场所，发达的互联网科技可以使我们在全世界范围内检索和收集所需要的信息，但要学会辨别是非。一些流行趋势网站会提供最新的流行资讯以供设计师参考，新媒体的发展也促使许多书籍和杂志向线上书籍转变，设计师能够足不出户地在网络上浏览各类资讯，寻找设计灵感。

十二、 旅行

除了以上一些途径，许多设计师的创作灵感也可以在旅途中获得，一些设计师在进行新系列的创作之前都会进行采风，在旅途中所见到的风光、建筑、民族文化都能给设计师带来灵感上的刺激，为系列设计的色彩、廓型、面料、细节等方面提供大量的素材。品牌奥斯卡·德拉伦塔（Oscar de la Ranta）2020年春夏系列的灵感即源于品牌设计师在旅途中的调研，从印度到摩洛哥再到科尔多瓦，设计师将家乡多米尼加共和国的元素结合旅途中获取的不同国家的民族元素，将多元化的民族色彩及面料融入设计中，使作品呈现浓浓的民族风情（图3-28）。

图3-28 Oscar de la Renta 2020年春夏系列作品

灵感调研是设计师展开设计开发的基础，对于任何设计过程来说都是必不可少的。时尚又在不断地更新变化，每一季消费者都希望设计师能对时尚轮回进行重新演绎，由于这种不断追求新奇感的压力，设计师需要不断对新的灵感进行深入地挖掘与探寻，从广泛到深入的调研，会给设计师们提供设计过程中所需要的各种资料与灵感元素。对廓型、面料、色彩、肌理等各方面进行深入的调研，可以让设计思路渐渐清晰，启发设计师找到设计的方向，从而纵情发挥想象力和创造力。优秀的设计师总会不断地挑战自我，通过各种调研途径找寻新的灵感和素材来激励自己工作，因此设计师应当重视调研的过程，注意观察身边的事物，从自然界、历史、文化及旅行等多方面着手，找寻可以激发创作灵感的素材资料，从而开启刺激而又有趣的设计之旅。

第三节 灵感调研思维导图法

思维导图又称"脑图"，英文"Mind Map"，是训练发散性思维的图形工具，通过思维导图，可以将我们的想法用图形的方式一层层表达出来，使我们的想法更具逻辑性和结构性。灵感的出现并不是虚无缥缈的，灵感的形成过程可以经过专业的、逻辑化的训练，在这个过程中设计师可以运用思维导图将想法归类总结，并且激发设计师的联想，不断深入地进行灵感探究，从而达到发散思维的效果。在设计过程中运用思维导图法能够使设计过程条理清晰，便于设计师找到独特的灵感视角，进而提取更多的想法与素材，更加高效地进行设计创作。

例如，以"黑色"为中心展开联想，通过不同的视角进行逐级联想，首先能够将大的联想范围归类成情绪（心情）、动植物、生态环境、人文艺术、宗教文化等几个方面，然后在每个范围下进行进一步的思维发散。

从情绪方面能够联想到恐惧、抑郁、哀伤等，由哀伤能够联想到战争、瘟疫、灾难等，进而能够联想到难民、战士等，病毒、医护人员、逆行者等；火灾、地震、消防员等。由此由模糊的黑色联想到具体的主题，进而继续搜寻与主题相关的素材。

从动植物的角度展开联想，能够联想到黑天鹅、蝙蝠、黑色曼陀罗、黑玫瑰等；以黑天鹅为例进一步探索，便能够想到《黑天鹅》电影，这时能够以《黑天鹅》这部电影为灵感进行素材收集；由黑天鹅还能够联想到一些突发危机，如金融风暴；黑天鹅也是忠贞爱情的象征，也能够以忠贞的爱情为灵感展开主题设计。

从生态环境角度出发，由黑色能够联想到环境的破坏及动物保护等方面。在环保方面能够继续联想到大气污染而产生的雾霾，影响人们的呼吸，进而引发各种疾病；或者从海洋环境的破坏能够联想到海洋污染、冰川融化，从而以世界末日为主题进行素材收集，呼吁人们保护生态环境；在动物保护方面能够联想野生动物贩卖行为及动物皮草制品商业引起动物灭绝及血腥的皮毛贸易，由此为设计主题展开系列设计。

时装设计属于创造性的领域，需要设计师花费大量的时间进行灵感调研。通过不断探索和深入调研，设计师才能够明确创作方向从而不断地进行拓展设计。

思考题

1.请简述灵感调研的内容。

2.灵感调研的途径有哪些。

3.以"红色"为主题练习使用头脑风暴法。

第四章
设计师品牌企划

第一节
品牌定位

品牌的定位是设计师品牌成功的关键，也是基于详细的市场调研基础上而形成的。在进行品牌企划前，品牌的运作者要对本品牌做出清晰的市场定位，市场定位的准确率越高，品牌的成功率也就越大。

一、目标市场的细分

对目标市场的分析与研究是设计师在进行产品企划前的重要议题，好的市场分析与研究可以帮助设计师了解目标市场的需求，从而为接下来的企划及设计开发提供有利的数据参考，因此设计师需要对目标市场消费群体进行充分了解。通过对目标市场的分析，品牌运作者可以根据市场的环境及企业自身的情况选择合适的目标市场。品牌的市场定位过程是一个逐步细化的过程，从大块面的服装市场出发，将市场进行细分，不断缩小目标，使目标市场越来越清晰。

由于消费者所处的地理环境、社会环境及自身因素的差异，必然存在消费需求的差异性，所以对目标市场的研究，也是对目标市场消费者的研究，需要对目标消费者进行准确的定位和细分，研究消费者的需求，这样才能快速准确地设计出消费者愿意买单的商品，在不断更新、竞争日益激烈的市场取得优势。对消费市场的细分定位主要从以下几个方面展开。

（一）地理细分

地理细分就是将市场分为不同的地理单位，地理标准可以选择国、省、市、县、区等。不同地区的消费者有着不同的生活方式和风俗习惯，在时尚产品的选择上也有很大的差别。例如，北京、上海等一线城市的消费者对时装产品的时尚度要求要比二三线城市的消费者高；而南方和北方的消费者对服装产品面料的需求也有着明显的不同，我国幅员辽阔，当冬季北方飘雪的时候南方还是艳阳高照，南北方消费者购买衣服的保暖需求自然不同。设计师在品牌企划前需对目标消费者所在区域进行充分的了解，有针对性地进行品牌企划。

（二）人口细分

人口细分主要根据年龄、性别、受教育程度、职业、收入、宗教信仰等对消费者进行划分，这些因素直接影响着消费者的购买习惯。

（三）心理细分

心理细分主要根据消费者的生活方式、性格等来划分。生活方式反映消费者对待生活、工作、时尚的态度和行为，如享乐主义、实用主义，紧随潮流主义者、因循守旧主义等不同类型。性格方面可以分为独立、保守、前卫、外向、内向等，消费者在购买服装时通常会选择一些能够表现自己个性的款式、色彩等。

（四）行为细分

行为因素是指消费者在购买服装产品时的行为特点，如消费时间、消费渠道、消费频率等。随着人民生活水平的提高，消费者购买服装不仅仅局限于换季时，更多会在周末、节假日或者商场促销时购买。购买的渠道也不仅仅局限于实体店，线上平台也成为服装消费的主要场所。人们购买服装的频率也随着物质生活的充裕而不断上升，加上网络平台的便利因素，消费者甚至不用去商场里购买，只要在家里看直播，动动手指在网络上就可以下单购买。

设计师在企划前通过对消费群体各个因素进行分析，锁定目标消费群体，因地制宜、因时制宜地为消费者设计所需的商品，消费群体定位的越清晰，设计师在企划和开发时的指向性就越准确。

二、服装市场细分

根据市场的地域情况、目标消费者的性别、年龄、购买能力、个人喜好等因素，能够将服装市场进行逐层细分，如图4-1所示。

品牌在定位时需要了解目标消费者怎样生活，如何在产品之间做比较，为何选择这种产品而不是另外一种产品，市场的细分是品牌定位的关键。美国斯坦福国际咨询研究所（SRI）根据马斯洛需求和社会学家戴维·瑞斯曼的驱动理论将消费人口分为以下8个群体。

（1）实现者：偏好精致的事物，接受新产品、新技术，对广告持怀疑态度，广泛阅读出版物，较少看电视。

（2）满足者：对形象和声望兴趣不大，对家庭用品的需求高出平均水平，喜欢参加教育性和公共事物性的活动。

（3）获得者：对高级产品充满向往，是许多产品品牌的主要目标。

（4）体验者：跟随时尚潮流，冲动性购买，对广告很留意，喜欢摇滚乐。

（5）信仰者：喜欢廉价物品，习惯的改变很缓慢。

（6）努力者：注重形象，可随意支配的收入有限，主要用于购买服装和个人护理品。

（7）制造者：购物时更在意舒适、耐用、价值，不易受奢侈品影响，购买生活基本用品。

（8）奋斗者：对品牌忠诚，相信广告，使用折价券并留意折价商品。

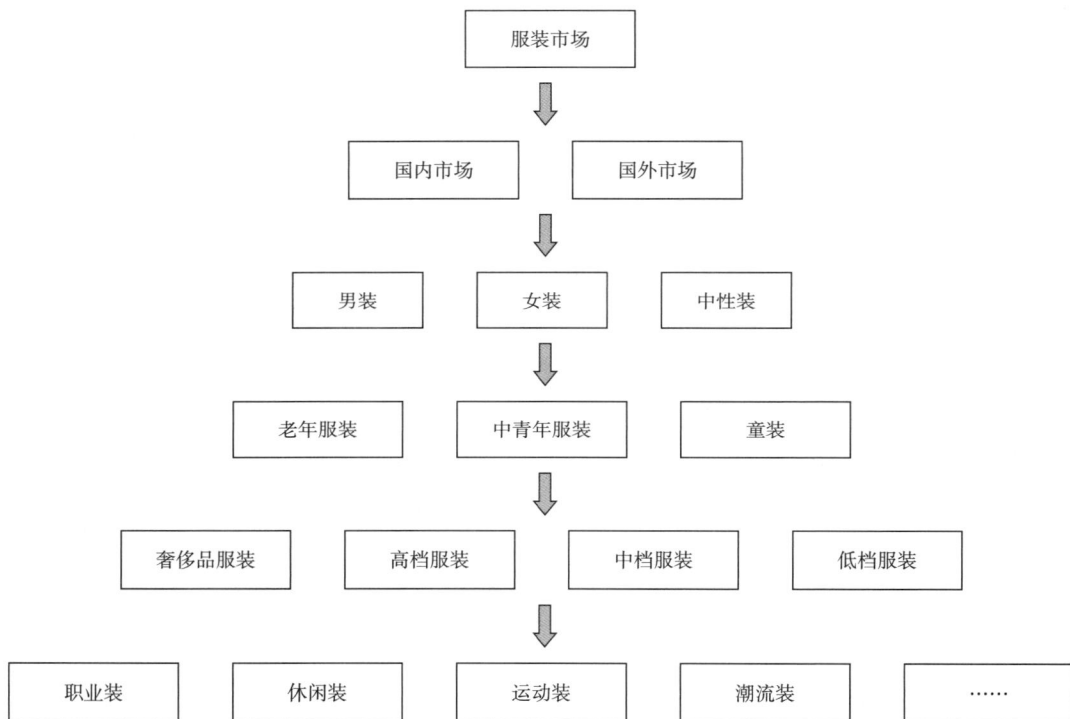

图4-1　服装市场细分

三、品牌定位的步骤

设计师的设计作品最终要投放到市场上接受检验，因此品牌企业需要根据自身的情况来选择企业占优势的市场，才能够确保良性发展。如果市场定位存在偏差，将会造成品牌在激烈的市场竞争中处于劣势，最终导致品牌失败。当品牌的市场定位确定之后，要在一段时间内保持定位的相对稳定，如果市场定位经常改变会导致消费群体的流失，也不利于品牌的发展。品牌定位通常从以下三个步骤进行。

（一）明确消费群体

通过对市场及消费群体进行调研及分析，明确消费者在市场细分中的位置，了解目标客户群体对产品的需求及评价标准。品牌在进行企划开发时需要以消费者的需求为导向，才能开发出受消费者欢迎的产品。

（二）明确竞争对手的定位

在市场调研时，有一个环节是对竞争对手的调研，由此了解品牌竞争对手的情况，如产品特色、定价范围等，通过本品牌与竞争对手在产品、营销、服务上的对比，明确自身定位优劣势，在品牌企划及设计开发时，尽量避开竞争对手的强项，针对目标市场的"空隙"进行设计开发，发扬自身品牌的优势，扬长避短，进而在激烈的市场竞争中占有一席之地。

（三）品牌自身产品定位

品牌在明确了消费者定位及竞争对手定位后，还需要对自身企业进行分析，了解自身的优劣势，根据自身的特点进行企划开发，设计师品牌的成功往往跟设计师自身的风格有着密切联系，选择设计师擅长的风格设计，往往会得到事半功倍的效果。

四、品牌风格定位

服装风格反映了一个时代、一个流派、一个民族或一个人的价值取向和艺术特色。对于服装企业来说服装风格能够表现出设计师的创作思想和买手的艺术追求，风格也体现着产品创造者对生活的感悟以及倡导的价值观。一个成功的品牌，一定具备独特的风格并将之传承下去，这样才能吸引越来越多青睐此风格的消费者。对于服装设计师品牌而言，设计师是品牌的灵魂，设计师的风格不是一味模仿，而是凝结了设计师对生活的理解和感悟逐渐形成的。品牌风格确定后，在每一季的设计开发中都要延续此风格。

常见的服装风格如下。

（一）田园风格

田园风格崇尚自然，摒弃繁复装饰，追求舒适、淳朴。穿着此风格的服装，能够给人带来一种舒缓、平静、返璞归真的心理感受。田园风格的服装通常采用天然材质的面料，如棉、麻、毛、丝等；色彩主要为大自然当中提取的颜色，如白色、米色、绿色、黄色、橘色、蓝色等，色彩清新、自然又富有朝气；图案上通常选取印花、格子、条纹等图案；造型上通常以宽松舒适的廓型为主，便于活动，适合休闲时穿着。代表品牌有中国本土设计师品牌熙然、谜底等（图4-2）。

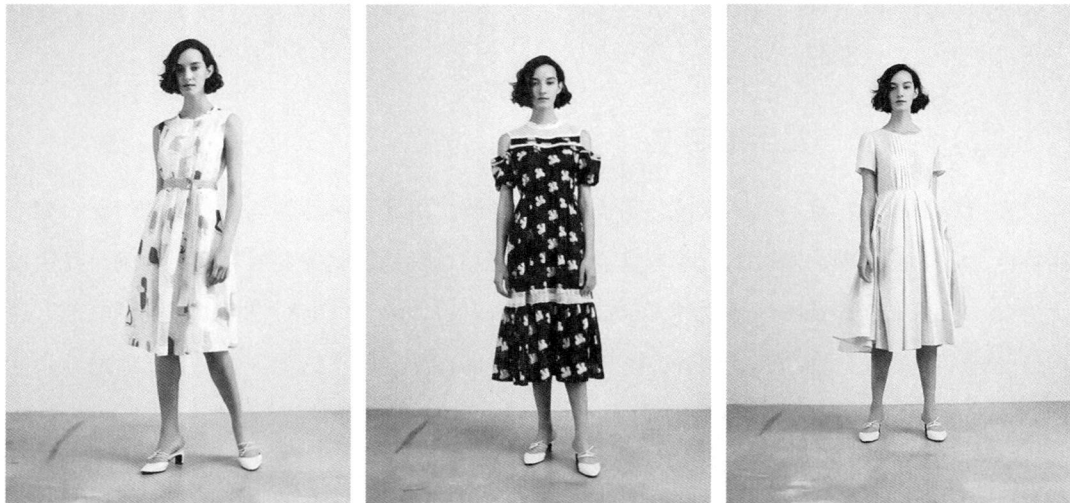

图4-2　熙然2020年春夏系列

（二）街头风格

街头风格是起源于嘻哈（Hip-Hop）文化运动的服装风格，具体可以分为嘻哈风、滑板风、运动风。嘻哈风的服装主要表现为超大尺寸的廓型，夸张的涂鸦图案，色彩对比强烈，具有叛逆和玩世不恭的感觉。滑板风具有潇洒随性的特点，服装宽松但不过于宽大，搭配上富有层次感，服装上常印有个性涂鸦图案，搭配板鞋，显得帅气潇洒。街头运动风格主要是指休闲运动的穿着搭配，如防水材质的外套、连帽衫、多口袋的细节等都是街头运动风格服装的特点，代表品牌有杰瑞米·斯科特（Jeremy Scott）等（图4-3）。

图4-3　Jeremy Scott 设计作品

（三）时尚商务风格

时尚商务风格主要是指工作及商

务场合穿着的服装，设计上简约不繁复，注重细节的设计，面料品质出众，注重板型及工艺。色彩多以纯色为主，款式合体大方，简约又不失时尚感。代表品牌如吉芬等（图4-4）。

（四）波西米亚风格

波西米亚风格汲取了波西米亚、吉普赛等民族元素，形成了一种现代民族风格。在款式上表现为宽松的随性休闲的上衣、披肩、喇叭裤等廓

图4-4　吉芬系列产品

型，色彩运用撞色形成视觉对比，图案上通常选用大朵印花或彩色条纹，工艺上常用层叠的花边堆积、皮质流苏或绳结元素呈现出自由洒脱、随性不羁的风格。

（五）朋克风格

朋克风格是一种追求个性、叛逆、无拘无束的精神表现，代表名牌薇薇安·韦斯特伍德（Vivienne Westwood）。红色与黑色是朋克服装最常用的颜色，材质上喜欢选用皮革、铁链、金属铆钉等，工艺上常选用拼接、破碎、穿孔等，图案上常选用带有暗黑风的骷髅头等。

（六）中性风格

中性风格的服装弱化了服装的性别因素，在板型、廓型和细节上无论男女都可以轻松驾驭。为了弱化女性的特征，造型分明，线条利落、简洁，以直线条宽松的板型为主；色彩多采用柔和的中性色；细节设计上注重工艺，多用直线代替曲线；面料选择广泛，但不使用过于女性的面料。品牌马克·雅可布（Marc Jacobs）、卡尔文·克雷恩（Calvin Klein）等都是中性风格的代表（图4-5）。

图4-5　Calvin Klein 系列作品

（七）前卫风格

前卫风格新奇多变，善于打破传统，造型富于幻想。款式、结构夸张，注重不对称设计及装饰，对比强烈；在色彩上，前卫风格青睐高明度及高纯度的色彩，倾向多色相混合搭配，色彩对比强烈，视觉冲击力强；另类风格的服装通常在材质选择上中意新潮、带有科技感的光泽面料，注重面料的表面装饰；另类风格的服装在图案上多选择锐利、夸张、怪诞、冲击力强的图案，颇有反叛的意味，如意大利的莫斯奇诺（Moschino）就是前卫风格的代表（图4-6）。

图4-6　Moschino 品牌服装系列

（八）经典风格

经典风格与前卫风格相反，相对来说比较保守，不太受流行左右，追求严谨而高雅，面料考究。廓型上经典风格的服装衣身大多对称，以直筒为主，色彩上以蓝色、酒红、咖啡等

图4-7　Giorgio Armani 品牌系列作品

沉静高雅的古典色为主，面料上一般选用高档的精纺面料，工艺精致，细节考究，代表品牌有Giorgio Armani（图4-7）、Max Mara等。

（九）民族风格

民族风格带有强烈的地域特点，多将民族元素与现代时尚相结合，色彩浓烈，对比鲜明，廓型相对宽松，较少使用分割线；民族风格的服装注重工艺，多用刺绣、珠片、流苏、滚边、印花等装饰（图4-8）。

（十）运动风格

运动风格的服装宽松，穿着舒适，大多使用插肩袖，喜欢使用块面分割和条状分割；大多使用针织面料；色彩明快，富有朝气，多使用中差色和对比色搭配（图4-9）。

图4-8　Anna Sui 设计作品

图4-9　Sport Max 品牌系列作品

（十一）高街风格

高街风格（High Street）是近几年流行起来的一种快时尚风格，体现为休闲、潮流、个性，代表着一种快时尚趋势，即用快时尚品牌的单品搭配出潮流时髦的造型。在高街风格中，时尚潮人们还喜欢用平价单品与时尚大牌进行混搭，以展现自我个性。

（十二）学院风格

学院风格是在学生校服基础上演变而来的，是代表青春活力的休闲风格，主要由常春藤风格（Ivy Style）和预科生风格（Preppy Look）两大分支组成。Ivy Style源于美国常春藤盟校，着装风格主要以西装造型为主，具有精致沉稳和高级的绅士感。Preppy Look则是Ivy Style的延伸，更加休闲，更加适合日常生活与运动。学院风格的经典款式有布雷泽西装、棒球服、开襟羊毛衫、水手外套、衬衫、Polo衫、针织马甲、百褶裙等。另外，学院风格通常还会使用校徽图章、条纹及菱格图案等元素。

（十三）极简风格

顾名思义，极简风格就是摒弃服装上复杂的元素，廓型上一般以基本款为主，注重面料质地及剪裁工艺，色彩多为清冷色系。代表品牌如吉尔·桑达（Jil Sander）等（图4-10）。

图4-10　Jil Sander 作品系列

（十四）国潮风格

国潮风格是在中国传统文化的基础上，融入时尚元素，形成民族与潮流、传统与现代结合的一种风格。国潮风格设计师从中国传统文化中寻找灵感，将中国元素融入潮流服装中，令中国的传统文化焕发光彩，近些年广受年轻人喜爱。国潮风格是个性的体现，也是中国文化的一种输出，彰显了中国年轻消费者的文化自信（图4-11）。

图4-11　李宁国潮系列

（十五）汉服风格

汉服是汉民族传统服饰的简称，是以汉文化为背景和主导思想，经过漫长的自然演化而形成的汉民族传统服饰。不同朝代的汉服呈现不同的服制样式，如汉代以前有交领齐腰襦裙、曲裾、直裾等；隋唐时期有齐胸襦裙、大袖衫、半臂、坦领襦裙等；宋元时期有褙子、比甲等。汉服风格将汉元素融入现代服装设计中，令服装呈现出独特的风情。代表品牌有楚和听香、盖娅传说等（图4-12、图4-13）。

图4-12　楚和听香（楚艳作品）

图4-13　盖娅传说（熊英作品）

五、 设计师品牌风格定位

虽然风格多种多样，但对于设计师品牌而言，通常只能选择一种风格，以提高品牌的辨识度，锁定消费群体。设计师品牌在进行品牌风格定位的过程中需要考虑以下因素。

（一）品牌的理念诉求

品牌理念是品牌的价值革新，服装企业通过品牌理念向消费者传达其价值观。品牌的理念也直接主导品牌的风格，如"例外"的品牌理念是"本源、自由、纯净"，该品牌自然舒适的东方风格是其品牌理念的最好诠释。

（二）消费群体特征

品牌成功的关键是获得消费者的认同，因此在进行风格定位时，必须考虑到消费者的因素，品牌风格定位要能够引起消费者的共鸣，从目标消费群体的生活方式、需求及审美角度进行考虑。

（三）风格定位的改进与提升

随着人们生活水平的提高，消费者的生活方式也在不断变化，品牌需要根据市场的发展对风格定位不断改进与提升，只有与时俱进，才能够不断获得成长与活力。

六、产品主题规划

产品的主题是品牌产品企划的重要环节，是展开产品系列设计的第一步，是产品设计的中心思想，每一个新产品都是设计师对产品主题的具体理解与表现。明确的服装主题能够为设计团队指明设计方向，提醒设计团队围绕设计主题开发新的服装产品，统一设计风格；同时，好的服装主题还能为服装产品带来附加值，如写文章时好的中心思想能够引人入胜，好的服装主题也能够增加服装产品的文化艺术深度，吸引消费者注意。主题的确立要建立在品牌风格及充分调研的基础上，还要综合流行趋势、时代风貌、社会文化等因素，制订出新产品开发的主旨。一个主题的设定不仅决定了后续面料、色彩、款式、细节等元素的取舍原则，还决定了服装产品最终以怎样的形象在终端店铺中与消费者见面。主题确定后进入具体款式挑选环节，在主题的框架下对面料、款式、颜色、细节、配件等元素进行取舍使用，最后对确定下来的款式在技术上进行落实。

（一）主题的确立

每一季的产品主题都是设计师经过充分调研之后，在诸多的灵感与想法中，挑选出来的最满意的、最有创作欲望的题目。主题可以来源于设计师的一手资料，通过设计师从周围事物中提取，也可以来源于流行趋势。当确定了每一季的主题之后，可以根据品牌的需求在大主题的框架下分设数个分支主题。即系列主题。系列主题围绕着中心大主题展开，以大主题为指导，在各个系列主题中，服装的色彩、款式、图案等要素既有区别又相互联系，不能偏离中心主题。通常情况下，一些服装品牌会按照产品上货时间划分不同的时间段，在不同阶段推出不同的主题系列。

（二）主题的表达

主题是个相对抽象且模糊的概念，设计师需要通过具象的要素对主题加以诠释，如服装的色彩、款式、面料及图案等，通过这些要素的表达让消费者了解该系列的主题。在服装企业中，设计师一般利用主题概念板对主题进行表达，将主题以具象的视觉图片的方式呈现。

主题概念板可以拼贴画的形式表现，将能够表现设计主题的图片、面辅料通过构图排版粘贴在KT板上。主题概念板里需要包含对主题进行阐释的文字，能够强烈反映主题思想的图片，以及与主题相关的色彩、面辅料小样等内容，也可以加入能够烘托主题气氛的相关装饰，使主题思想更加明确。制作主题概念板时需要注意以下几方面：

1.主题清晰

主题概念板的版面有限，在筛选主题相关素材时，数量不需要太多，但必须是能够烘托主题思想的图片或元素，要能够简单明了地反映主题。好的主题概念板不需要过多的文字说明，观赏者要能够从图片素材中感受到作品的主题，如果图片繁多并且主题关联不大，反而画蛇添足。

2.内容全面

主题概念板上需要展示能够反映主题的色彩、面料、主题故事等内容，可以配上文字说明，但不能只展示单独的某一个要素。

3.具有美感的排版

主题概念板的排版没有具体的形式，可以根据设计师自身的审美来进行，如规矩的对称版式、均衡排版等。无论采用哪种排版形式，都需要呈现给观看者以美的感受，杂乱无章的排版不但不能起到引领主题、指明设计方向的作用，还会干扰设计者的设计思路。

（三）品牌主题案例

某品牌女装2020年秋冬主题是"纸牌戏法"，品牌理念为"始于生活的原本，感受非寻常体验"。它的理念不只走进顾客的衣柜，还深入生活、艺术、人文各层面，以及时装成为着装者、身体与精神意韵三者的纽带。品牌终端店铺复古陈列撞击现代设计，在静水深流的细意表达中彰显澎湃的感染力。幽幽的香氛，深远的氛围音乐，配合个性化的配套服务，与顾客一同从视觉、听觉、嗅觉、味觉和触觉展开一场"非寻常体验"。品牌延续了上期国际象棋的主题，本季主题灵感来源于一个由法国塔罗牌演变而成的纸牌。

根据不同花色的含义，将本品牌四个系列分别设计定位为不同的花色主题：优雅女装系列为方块主题、街头潮流系列为梅花主题、休闲舒适系列为红桃主题、商务职场系列为黑桃主题。

七、 主题产品色彩组合

色彩作为首先映入眼帘的服装要素，是产品非常重要的视觉要素之一，设计师需要根据每个系列主题的不同，规划相应的色彩系列。选择色彩时要根据消费者的定位、季节因素、上下款搭配，以及整个卖场的色彩来进行统一的规划。首先确定主色调及主色调的具体色彩，即每个系列可使用的大部分色彩，主色调选定后再确定其他辅色给予配合。主题和颜色确定后，便可展开每个系列的意向款式开发，根据品牌风格和主题，结合流行趋势确定意向款式。

（一）梅花系列的色彩组合

梅花系列的产品色彩主要选用绿黄灰色系，通过绿、黄、灰色的组合打造潮流时尚的女性形象，如图4-14~图4-16所示。

2020AUTUMN&WINTER女装产品企划（主题企划）
系列一　梅花系列　色彩氛围——绿黄灰色系

图4-14　梅花系列色彩氛围

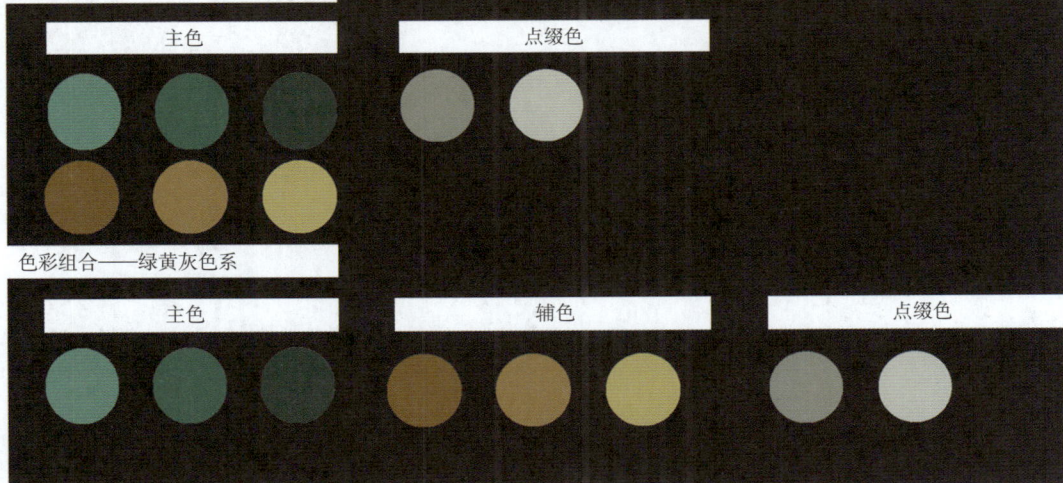

图4-15　梅花系列主色、辅色及点缀色

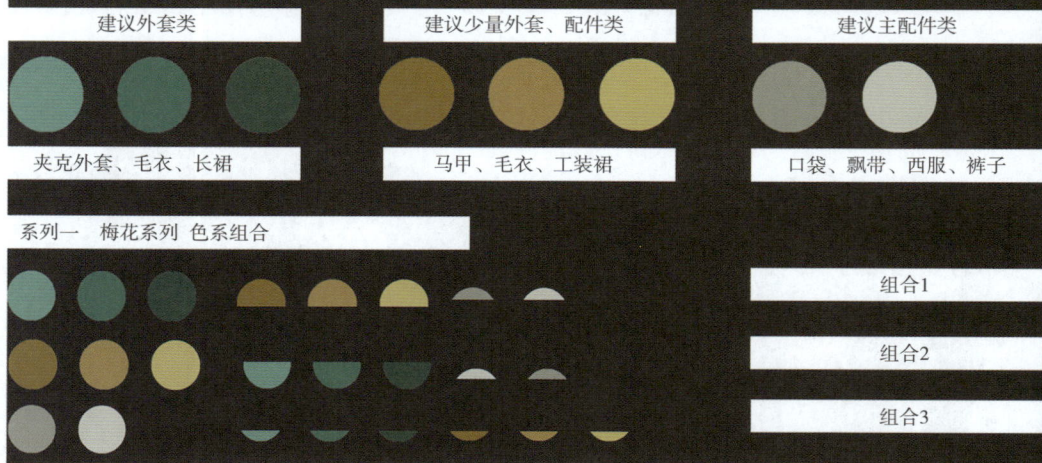

图4-16　梅花系列色系组合及应用建议

（二）方块系列的色彩组合

方块系列为优雅女装系列，色彩上主要选用玫橘色系搭配棕色系，以打造优雅、高贵、复古的女性形象，如图4-17~图4-19所示。

图4-17　方块系列色彩氛围

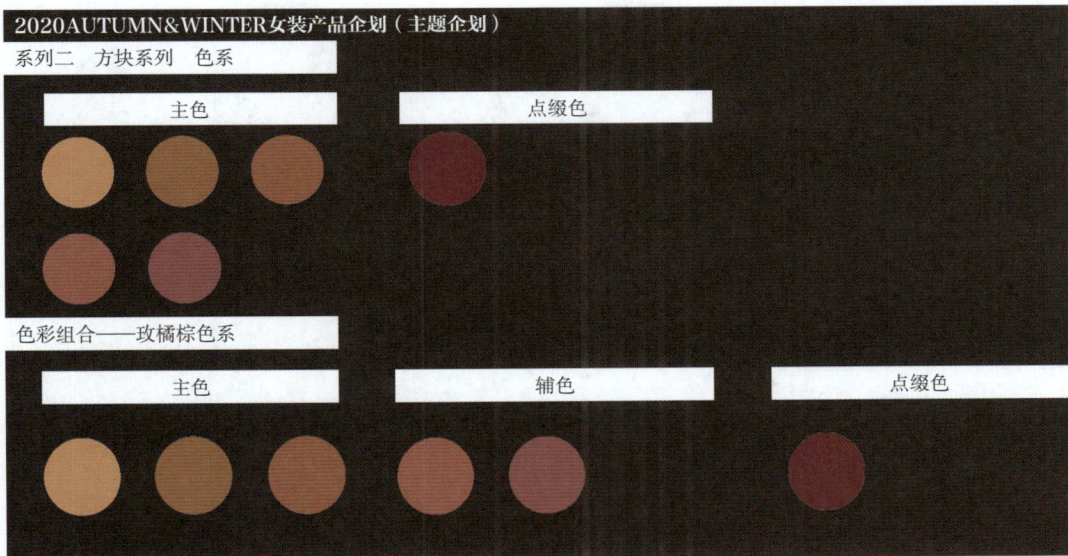

图4-18　方块系列主色、辅色及点缀色

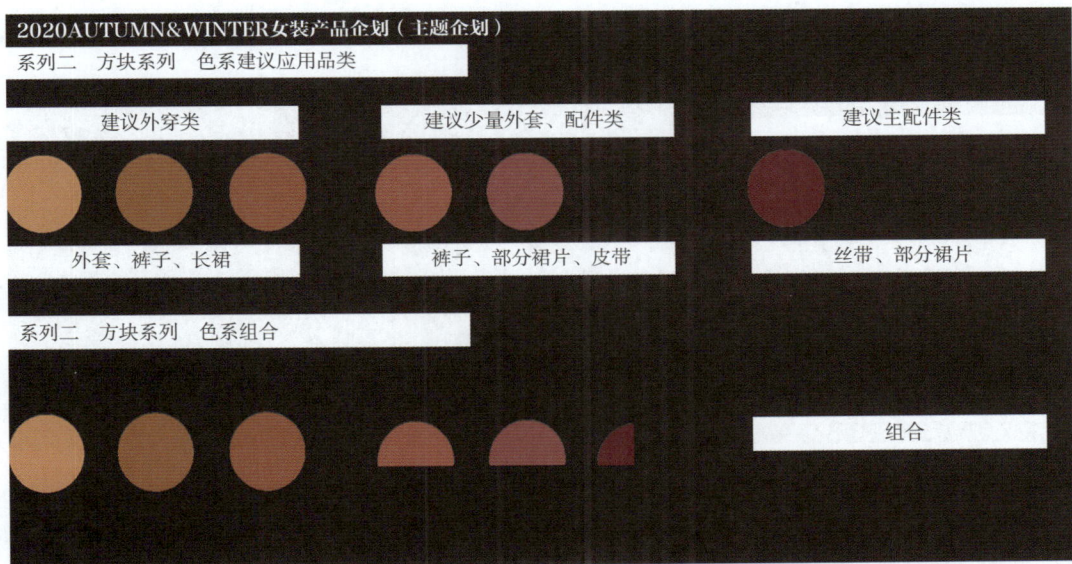

图4-19　方块系列色系组合及应用建议

（三）红桃系列的色彩组合

红桃系列为休闲舒适系列，色彩上主要选用卡其色搭配灰色系，以打造舒适休闲的感觉，如图4-20~图4-22所示。

2020AUTUMN＆WINTER女装产品企划（主题企划）
系列三　红桃系列　色彩氛围——卡其灰色系

图4-20　红桃系列色彩氛围

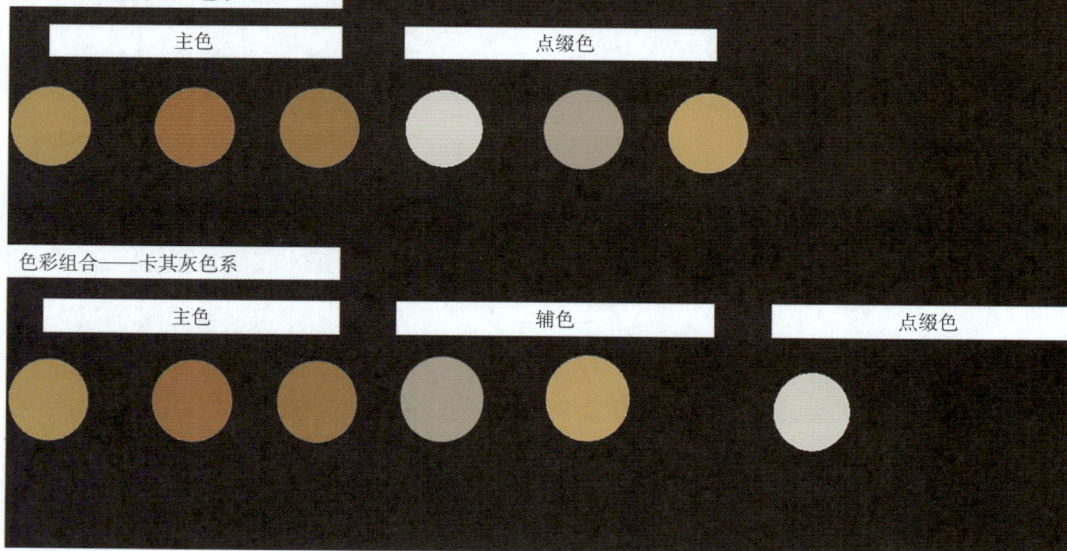

图4-21　红桃系列主色、辅色及点缀色

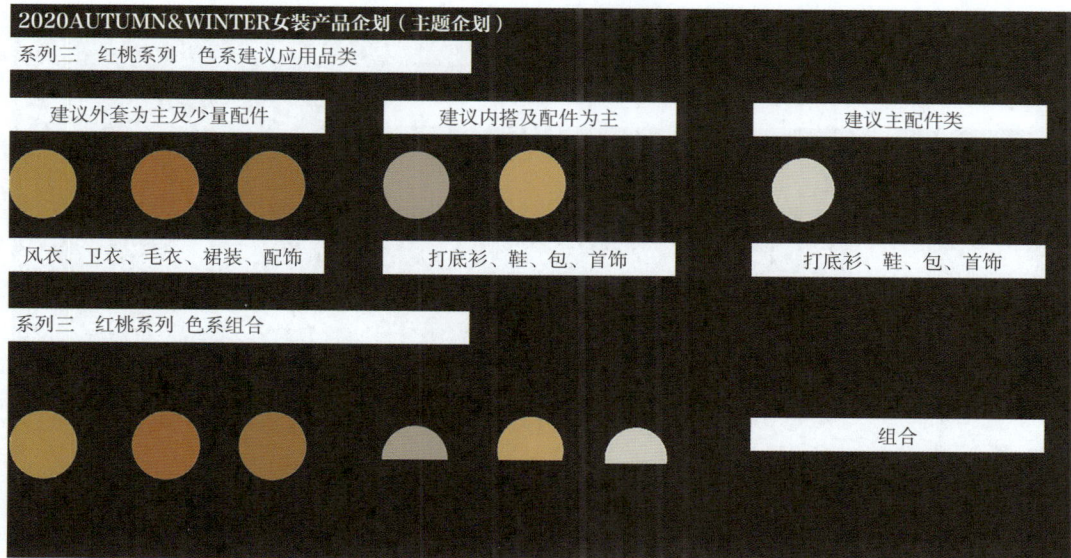

图4-22　红桃系列色系组合及应用建议

（四）黑桃系列的色彩组合

黑桃系列为职场商务系列，主要采用藕粉灰色系，打造属于女性的别样商务职场风格，如图4-23~图4-25所示。

2020AUTUMN&WINTER女装产品企划（主题企划）
系列四　黑桃系列　色彩氛围——藕粉灰色系

图4-23　黑桃系列色彩氛围

2020AUTUMN&WINTER女装产品企划（主题企划）

系列四　黑桃系列　色系

主色

点缀色

色彩组合——藕粉灰色系

主色

辅色

点缀色

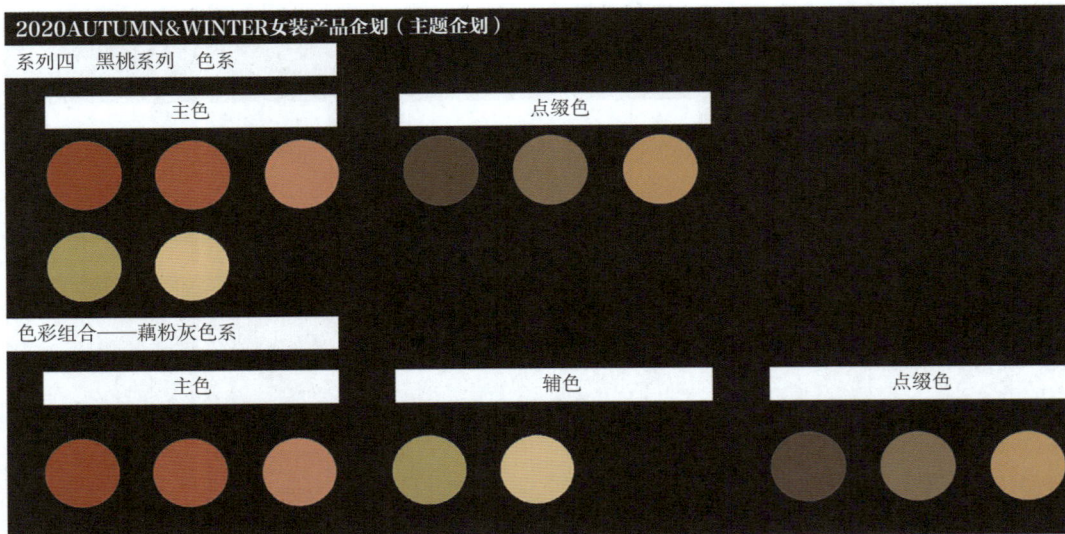

图4-24　黑桃系列主色、辅色及点缀色

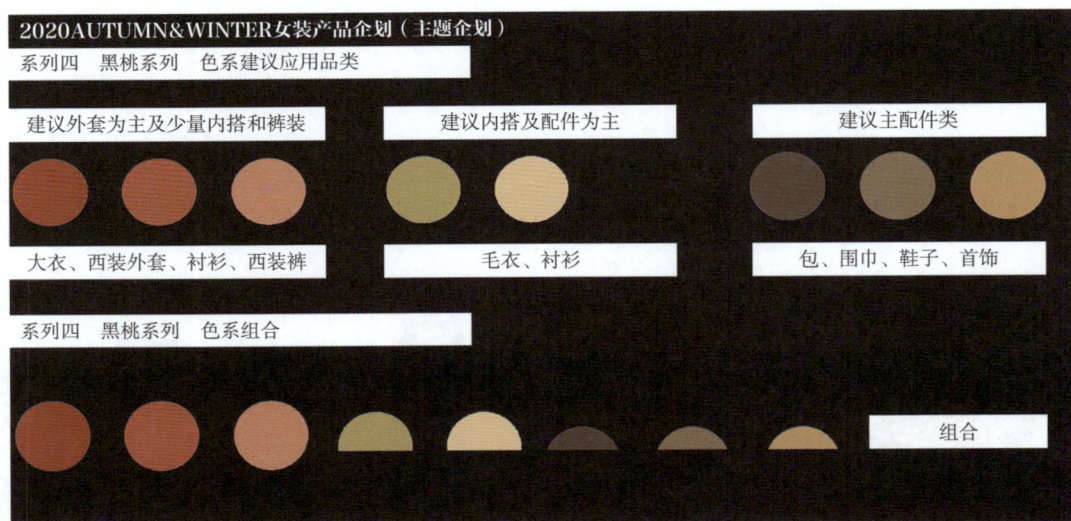

2020AUTUMN&WINTER女装产品企划（主题企划）

系列四　黑桃系列　色系建议应用品类

建议外套为主及少量内搭和裤装

建议内搭及配件为主

建议主配件类

大衣、西装外套、衬衫、西装裤

毛衣、衬衫

包、围巾、鞋子、首饰

系列四　黑桃系列　色系组合

组合

图4-25　黑桃系列色系组合及应用建议

八、主题产品款式企划

　　主题款式的企划是款式设计的方向，通过具有代表性的图片或效果图来说明新产品系列款式的设计特点。款式设计的企划要在主题风格之下展开，延续品牌风格的同时需要融入流行元素，新产品的款式规划并不能单纯地靠天马行空的想象，设计师在做款式企划前通常会对以往的畅销、滞销款进行分析，在规划新一季产品的款式时取长补短，结合流行趋势合理进行规划，为新系列的款式设计确立方向。梅花系列中，款式主要由机车夹克、Oversize毛衣、卫衣、机能风衣裙等组成，通过帅气的直线廓型、不对称的设计，突出时尚摩登的女性气质，如图4-26所示。方块系列中，主要采用印花长裙、女性风格的衬衫、柔软慵懒的毛衣、带有褶皱细节的半裙和大衣等款式来体现女性柔美的一面，如图4-27所示。红桃系列中，主要采用套裤、套装、层次感的连衣裙及外套等款式来强调休闲感，如图4-28所示。黑桃系列为职场系列，主要通过精致套裙、小西装及注重细节设计的衬衫、长裤等来打造商务感，如图4-29所示。

梅花系列
主要款关键词：裙裤　毛衣　小外套

图4-26　梅花系列款式规划

方块系列
主要款关键词：裙裤　针织衫　大衣　马甲

图4-27　方块系列款式规划

红桃系列
主要款关键词：套裤　套裙　西服　小外套

图4-28　红桃系列款式规划

黑桃系列
主要款关键词：套裙　西服　小外套　长裤

图4-29　黑桃系列款式规划

九、 主题产品面料规划

　　面料规划是指设计师在品牌风格及主题系列下，通过对面料流行趋势以及往期销售数据进行调研，形成的新一季产品所使用面料的初步计划。前期做好面料规划有利于设计师明确设计方向。做面料规划时须考虑以下因素。

（1）面料种类：过多会使卖场看起来杂乱，同时也增加采购的资金压力；太少则会让整盘货看起来不够丰富。

（2）季节因素：设计师做面料规划时要考虑到季节的变化。随着季节的推移、温度的变化，合理地规划面料。以秋冬季为例，随着天气转冷，面料的选择也逐渐从薄棉向羊毛、毛呢、羽绒等逐渐过渡，厚面料产品占比也越来越高。

（3）价格因素：面料的价格直接决定成衣的价格，因此做面料规划时，设计师要考虑到产品可以接受的定价区间，再去选择面料。不同的服装品类也有相应的采购价格浮动区间，如形象款代表了整个品牌和店铺的形象，因此形象款的面料价格可以适当上调。

在企划时，设计师通常会通过选取几组能够代表新产品系列的面料小样，将面料规划反映在主题板上，面料小样可以使用真实的面料，也可以是面料图片。企划中的面料概念具有指向性的作用，代表了新一季产品将选用的面料风格、材质等。如图4-35所示，梅花系列主要选用当季流行的灯芯绒、彩色牛仔、羊毛精纺及亚光聚酯纤维等面料，线条感较硬，配合新潮外套、吊带裙等款式，呈现新潮的设计风格；方块系列为优雅女装系列，选用灯芯绒作为衬衫和外套的主要面料，选用提花欧根纱和烧花丝绒面料作为裙装的主要面料，选用柔软舒适的莫代尔作为内搭服装的主要面料，这些面料质感高级、穿着舒适，彰显女性优雅华丽的风格；红桃系列为休闲舒适系列，因此更注重面料的质感与舒适性，本系列大衣外套主要采用进口山羊毛面料，裙装主要采用舒适的纯棉面料，内搭服装采用针织，手感柔软亲肤，营造出轻松舒适的闲适感；黑桃系列为商务职场系列，大衣外套采用高档的羊毛及山羊绒面料，配以光泽的丝绸和弹力聚酯等面料，打造简洁精致、典雅高级的职场风格（图4-30~图4-33）。

2020AUTUMN&WINTER女装产品企划（主题企划）
系列一　梅花系列　面料总览

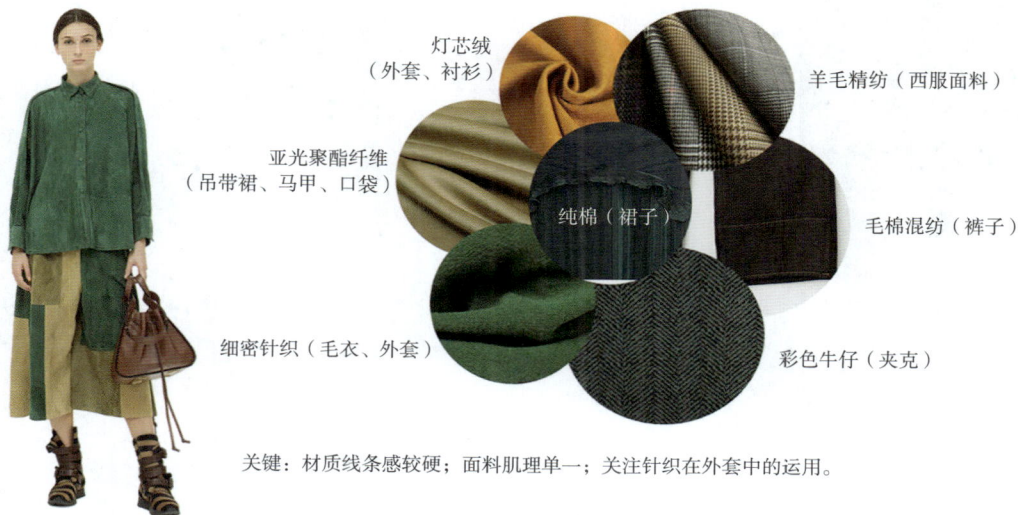

灯芯绒（外套、衬衫）
羊毛精纺（西服面料）
亚光聚酯纤维（吊带裙、马甲、口袋）
纯棉（裙子）
毛棉混纺（裤子）
细密针织（毛衣、外套）
彩色牛仔（夹克）

关键：材质线条感较硬；面料肌理单一；关注针织在外套中的运用。

图4-30　梅花系列面料概念

2020AUTUMN&WINTER女装产品企划（主题企划）
系列二　方块系列　面料总览

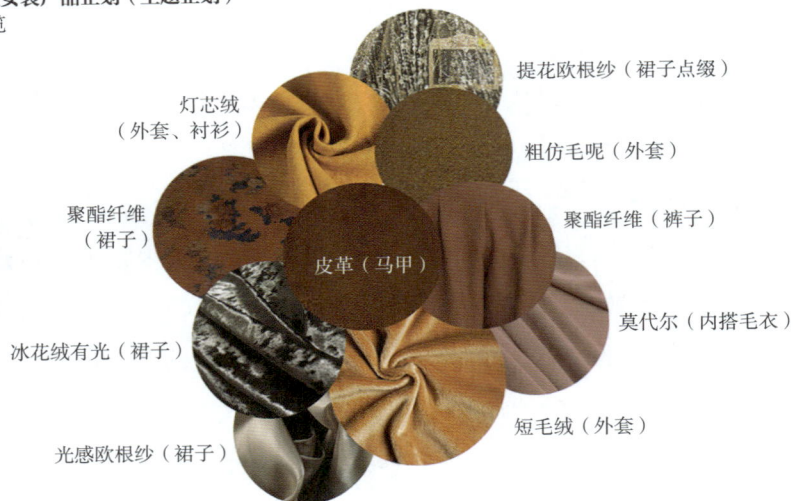

灯芯绒
（外套、衬衫）

提花欧根纱（裙子点缀）

粗仿毛呢（外套）

聚酯纤维
（裙子）

聚酯纤维（裤子）

皮革（马甲）

冰花绒有光（裙子）

莫代尔（内搭毛衣）

短毛绒（外套）

光感欧根纱（裙子）

关键：材质高级；面料柔软；关注面料在裙子中的运用。

图4-31　方块系列面料概念

2020AUTUMN&WINTER女装产品企划（主题企划）
系列三　红桃系列　面料总览

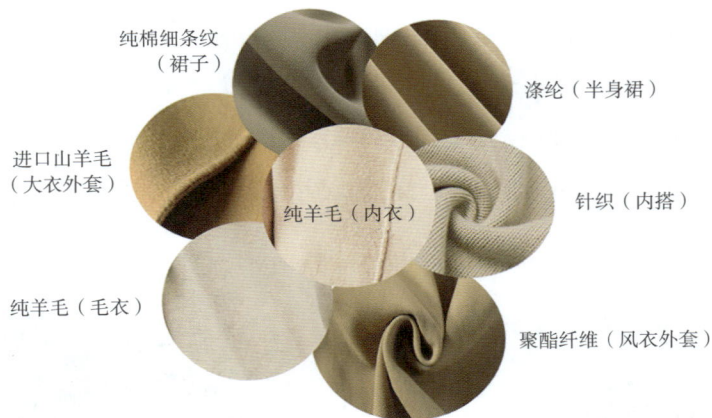

纯棉细条纹
（裙子）

涤纶（半身裙）

进口山羊毛
（大衣外套）

纯羊毛（内衣）

针织（内搭）

纯羊毛（毛衣）

聚酯纤维（风衣外套）

关键：注重面料的舒适感与质感兼具。

图4-32　红桃系列面料概念

2020AUTUMN&WINTER女装产品企划（主题企划）
系列四　黑桃系列　面料总览

羊毛+山羊绒
（大衣外套）

西装面料
（西装外套、裤装）

聚酯纤维+氨纶
（裤装）

里料（西服里料）

纯羊毛
（打底衫）

关键：时尚职场风格，打造简洁精致、高级感。

图4-33　黑桃系列面料概念

十、主题产品搭配

　　完整的产品系列除了服装外，还需要考虑配饰，这些也直接影响着终端卖场的陈列效果。因此设计师在进行品牌企划时也需要考虑到服装系列的整体搭配效果，为新系列的搭配设立方向。梅花系列多采用大胆新潮的配饰，搭配上采用不同材质的对比混搭，强调潮流感；方块系列的配饰多采用法式复古宫廷感的金属物件，造型简洁、色系与服装色系相近，营造优雅高贵的感觉；红桃系列可以搭配法式皮带及金属质感的配饰，鞋类可搭配休闲类型的小白鞋或帆布鞋，营造轻松舒适的休闲感；黑桃系列为职场系列，以精致的金属质感配饰加上光泽感的丝巾、丝绒质感的高跟鞋，打造简约而又高级的商务风格（图4-34）。

2020AUTUMN&WINTER女装产品企划（主题企划）
系列一　梅花系列　风格参考

配饰风格上运用到的面料
可大胆使用图案肌理多的
作为点缀，其他简洁即可

鞋类风格尽量简洁，
可运动风，可休闲风

包包造型简洁硬挺，品质
感强，在包链上可以选择
不同材质、色彩的混搭，
如做旧款金属或者相邻色
系的链条与皮革材质的包
混搭

关键：材质的混搭；数码印花；廓型简洁明朗。

2020AUTUMN&WINTER女装产品企划（主题企划）
系列二　方块系列　风格参考

配饰风格可以选择法式复
古宫廷风的金属感物件

鞋类风格尽量简洁，气质
休闲即可

包包造型简洁硬挺，优先
选择与衣服质感纹理相同
的进行搭配

关键：材质优先选择与服装相似的；色系相邻；廓型简洁明朗。

2020AUTUMN&WINTER女装产品企划（主题企划）

系列三　红桃系列　风格参考

鞋类风格尽量简洁，色系相邻，经典小白鞋、帆布鞋都可以拿出来穿啦

包包造型简洁硬挺，优先选择与衣服色系相同的进行搭配

可以选择法皮带手表，微金属质感的小件配饰，简洁的面饰

关键：材质优先选择与服装相似的；色系相邻；廓型简洁明朗。

2020AUTUMN&WINTER女装产品企划（主题企划）

系列四　红桃系列　风格参考

鞋类可造型简洁或者色系相邻，面料材质以有皮质小绒毛为最佳

包包廓型要简洁硬挺，优先选择与衣服色系相同的进行搭配

可以选择法皮带手表，微金属质感的小件配饰，简洁的面饰

关键：简约高级质感。

图4-34　品牌系列搭配企划

第二节
产品品类组合及
货品结构规划

一、品类的划分

服装产品品类繁多，按照品种类型可分为棉衣、羽绒服、衬衫、T恤、风衣、裤子、连衣裙等，再对这些产品进行细分，如裤子又能分成七分裤、九分裤、长裤、短裤等。一个全品类的品牌产品系列，需要涵盖较全面的品种类型，设计师可根据以往的销售数据，分析出畅销的品种类型，同时根据以往销售情况完善新一季产品品种类型配比。以女装为例，按照品类大致分类如下。

（一）衬衫/上衣（Blouse/Shirt）

衬衫在古代西方是作为内衣穿着的，而在现代社会，衬衫是一种适合内外均可穿着且体感舒适、柔软的上衣，下装可以搭配裙子或者裤子。如今衬衫的款式丰富多样，通过细节部分的设计如领子、袖子、板型等，可以创作出变化多样的款式（表4-1）。

表4-1　衬衫/上衣分类及特征

分类	图片	特征
系带式衬衫 Tie Shirt		此类衬衫一般在领口处有两根带子，可以打结或者系成蝴蝶结；板型可以是修身款也可以是宽松款；面料选择多样，一般选用棉麻材质或者丝质面料

续表

分类	图片	特征
腰裙式衬衫 Peplum Shirt		此类上衣的特点是在腰部有小腰裙的设计，小腰裙可以是拼接而成的或者是一片裁成进行抽褶
猎装式衬衫 Safari Shirt		猎装式衬衫通常采用棉麻质地，肩部有肩襻，胸前有口袋，袖子通常挽起，强调休闲的风格
荷叶边衬衫 Ruffle Shirt		此类衬衫在领子或者下摆处有荷叶边的设计，面料选择广泛，通常选用棉麻质地或者丝质材质
围裹式衬衫 Wrap Shirt		围裹式衬衫采用斜襟式设计，前后两片相互重叠，一些款式有带子，可以在侧面打结，此类衬衫给人慵懒随性之感
男友风衬衫 Boyfriend style Shirt		顾名思义是像男朋友衣服一样宽大的衬衫，通常是棉麻或涤棉材质，穿着起来宽松休闲，一般在里面搭配吊带或打底衫

（二）外套

外套顾名思义就是穿在外面的服装，包括夹克、西装等，款式多种多样，不同的款式在廓型、长度、细节方面都有独特的设计（表4-2）。

表4-2　外套分类及特征

分类	图片	特征
休闲西装 Blazer		休闲西装适合在非正式场合穿着，可以是单排扣或者双排扣，相对正式西装而言，休闲西装在材质选择上更多样，色彩上也异彩纷呈；在搭配选择上也更加广泛，可以搭配牛仔裤、裙子等
香奈儿式外套 Chanel Style		香奈儿式外套指沿用了香奈儿经典元素的外套，款式为无领对襟，面料上以粗花呢面料为主，工艺上常采用镶边工艺；下身搭配可选择半裙、休闲裤和牛仔裤等
夹克式外套 Jacket		夹克是由中世纪的"Jack"演变而来的，是一种长度到腰、宽胸围、紧下摆、紧袖口的短外套；面料选择广泛，既可以是薄的棉、麻，也可以是厚的毛呢；男女都可穿着，易于搭配，可以搭配牛仔裤、休闲裤、裙子等
精致西装 Tailored Jacket		精致西装是指板型合体、做工精致、面料考究、设计经典、收腰、有翻驳领的西装外套；一般搭配正式的西裤、裙子

续表

分类	图片	特征
卫衣 Sweat Shirt		卫衣是源于纽约冷库工作服的一种服装样式，面料一般采用棉质面料，板型宽松，有套头式和开襟式，面料舒适，便于活动，融合了时尚与舒适，适合各个年龄段穿着；卫衣便于搭配，可配运动裤、休闲裤、牛仔裤、裙子等
冲锋衣 Out Door Jacket		冲锋衣是户外运动时穿着的一种轻便防水的功能性外套，面料防水透气，穿着舒适，易于活动，有单衣也有加绒款，一般搭配休闲裤、运动裤穿着

（三）连衣裙/连体裤

连衣裙和连体裤统称为一片式（One Piece），即上衣和下装连在一起的服装样式。连衣裙的造型变化多样，面料选择广泛，是女性夏季首选的服装样式之一（表4-3）。

表4-3　连衣裙/连体裤分类及特征

分类	图片	特征
衬衫式连衣裙 Shirt Dress		衬衫式连衣裙是源于衬衫廓型的裙装，板型宽松，有典型的衬衫领和袖口，面料一般采用棉麻材质，前开襟，腰部有抽绳或者配以腰带来修饰腰身，衬衫裙穿着方便，款式干练，适合多种场合穿着，可以搭配打底裤、马甲、外套等
风衣式连衣裙 Coat Dress		风衣式连衣裙借鉴风衣的设计特点，采用坚固的面料，前身通开扣，通常配有腰带，腰部和背部有打褶以修饰腰身，造型简洁大方

续表

分类	图片	特征
抹胸连衣裙 Strapless Dress		抹胸连衣裙是无肩带的裹胸式连衣裙，胸腰部贴体收腰，简单实用，是夏季很受欢迎的裙装，可采用多种面料制作，穿着时通常搭配马甲、小西装等外搭
围裹式连衣裙 Wrap Dress		围裹式连衣裙没有纽扣和拉链，通过前面两片衣片交叠，用腰带捆绑的睡袍式连衣裙；板型修身，面料通常选用有弹力的针织或丝缎面料
帝国式连衣裙 Empire Style Dress		帝国式连衣裙源于法国第一帝政时期，特点是腰线提高到胸部以下，多为长款连衣裙，造型为H型
公主式连衣裙 Princess Style Dress		此款连衣裙的特点是沿着女性曲线采用纵向分割的方法，沿着公主线纵向破缝，腰部以上合体，腰部以下向外扩展

（四）大衣

大衣指穿在最外面保暖御寒的长外套，长款大衣一般到小腿，短款大衣一般到臀围线附近。大衣的款式多样，一般选用中厚款的棉或毛面料，里面可以填充棉或羽绒（表4-4）。

表4-4　大衣分类及特征

分类	款式	特征
运动式大衣 Sport Coat		运动式大衣采用运动服的设计元素，廓型以直筒为主，常采用防风、防雨、保暖的面料，通常填充羽绒或棉，有连帽的设计
围裹式大衣 Wrap Coat		围裹式大衣没有扣子或拉链，前片交叠，由腰带系上固定。此款大衣板型宽松，穿起来休闲舒适，一般采用羊毛或羊绒的面料制作
战壕式大衣 Trench Coat		战壕式大衣采用军服的设计元素，廓型为直筒中性造型，有肩襻、袖襻、披胸、腰带等细节设计。面料可采用卡其棉、毛等材质，廓型简洁帅气，易搭配

分类	款式	特征
茧型大衣 Cocoon Coat		茧型大衣像蚕茧一样的O型，衣身部分宽松，肩膀和底摆收紧，袖子一般为落肩袖或插肩袖设计，造型优雅中带有俏皮，适合各种身材的人穿着
达夫尔大衣 Duffle Coat		达尔夫大衣是起源于英格兰的直筒型大衣，一般采用毛呢类面料制作，有连帽和牛角扣的设计
收腰式大衣 Redingote Coat		此类大衣的特点是利用省道分割收紧腰部，放松下摆，使款式呈现收腰散摆的造型；收腰大衣凸显女性优美曲线

（五）半身裙

半身裙是下半身穿着的单品，根据长度，可以分为长裙、中长裙、短裙和迷你裙，半身裙的款式丰富，面料选择广泛，易于搭配（表4–5）。

表4-5　半身裙分类及特征

分类	款式	特征
花苞裙 Tulip Skirt		花苞裙即廓型像花苞一样的半裙，腰部和裙摆收窄，裙身宽松蓬起，犹如花骨朵一般，花苞裙一般选用质感挺括的面料制作，造型甜美，便于搭配
百褶裙 Pleated Skirt		百褶裙是指运用打褶工艺，将裙子的面料全部打褶形成的一种褶裥裙，褶裥增加了裙子的空间，便于活动
鱼尾裙 Fish Tail Skirt		鱼尾裙顾名思义就是像鱼尾一样的半裙，板型上臀部和大腿部分合体，下摆加大散开如鱼尾一般，一般用有弹力的面料制作
直筒裙 Narrow Skirt		直筒裙也叫一步裙，其从臀围线到下摆呈直线造型，为方便行走，一般设有开衩。直筒裙可采用多种面料制作，易搭配，可以搭配衬衫、西装、夹克等

分类	款式	特征
蛋糕裙 Tiered Skirt		蛋糕裙也叫塔裙，指裙摆像蛋糕一样层层叠加的裙子，每层裙摆抽褶呈波浪状并且宽度逐层递增；蛋糕裙一般用棉质、丝质或网纱面料制作，搭配时一般选择修身的上衣
钟形裙 Bell Skirt		钟形裙是指造型像钟一样的裙子，一般采用圆形或半圆剪裁，腰部抽褶，下摆散开形成自然的喇叭状；钟形裙面料选择多种多样，可以搭配多种单品穿着
迷你裙 Mini Skirt		迷你裙也叫超短裙，是裙长在膝盖以上20cm左右的短裙，迷你裙造型前卫大胆，便于活动，深受年轻女性的追捧

（六）裤子

裤子是为了满足人们行走的需求，根据人的腿部造型裁制而成的服饰样式。古代就有很多关于裤子的记载，但多为活裆裤，经过不断地改良，逐渐发展为现在由腰头、裤裆、裤腿组成的样式。根据不同的用途，裤子的款式也多种多样（表4-6）。

表4-6　裤子分类及特征

分类	款式	特征
锥形裤 Tapered Pants		锥形裤也称小脚裤，板型为裤腿宽度向下逐渐收紧，呈锥子的造型；锥形裤腰部设计简洁，臀围宽松，裤口收紧，穿起来显得中性、帅气；上衣可搭配衬衫、毛衫、夹克等
喇叭裤 Flared Pants		喇叭裤顾名思义是指裤腿呈喇叭状的裤子，特点是低腰，裆部较短，臀围和大腿部分合体，从膝盖下方开始裤腿宽度逐渐增加
哈伦裤 Harem Pants		哈伦裤也叫胯裆裤，臀围和裆部宽松，材质上大多选择垂感好的面料，小腿收窄，穿起来舒适度高，便于活动
百慕大短裤 Bermuda Shorts		百慕大短裤源于百慕大岛上男人穿着的一种短裤，样式休闲，类似西裤，但是裤长在膝盖以上2~5cm，裤型线条干净利落，裤口微收；搭配上可休闲、可正式，上衣可以配西服，也可以配休闲衬衫

分类	款式	特征
牛仔裤 Jeans		牛仔裤是由美国西部矿工的工装裤改良而来，面料采用蓝色的水洗牛仔布，一般前面有插袋，后面有两个贴袋，袋口采用金属铆钉撞钉连接；牛仔裤因为具有坚固耐磨、穿着方便等特点而广受欢迎
裙裤 Culottes		裙裤是裙子和裤子的结合，既具有裤子的底裆，又有裙子的飘逸外形。裙裤穿着舒适方便，便于运动，裤长可以有多重选择，可以是及踝长裙裤，也可以为及膝短裙裤
打底裤 Leggings		打底裤由健美裤改良而来，配合短裙、长款衬衫等服装穿着的裤子，既可以打底也可以外穿，通常用有弹力的莱卡面料制作，穿着贴身舒适，凸显腿部线条，是生活中常见的裤子款式
铅笔裤 Pencil Pants		铅笔裤整体都很修身，穿着时凸显腿型，容易搭配，可搭配衬衫、西装、夹克、大衣等

二、品类规划

在新产品的企划中，整盘货品的款量规划是企划中很重要的一环，企业最怕的不是个别商品生产不合理，而是出现整个批次的货品缺失、整个类别的货品缺失，或者颜色不成系统，这种结构性错误往往会导致灾难性的后果。例如，我们有时会发现一些服装卖场中上下装数量差别很大，买到上衣后找不到裤子可以搭配，或者内搭很多、外套极少，这些都属于商品的结构规划不合理，会严重影响到产品的销售。设计师需要以店铺面积以及店铺销售能力为基础，根据店铺档案及季度预计开店规划来核算各种店铺面积、数量在总店铺中的占比，并按照占比数最大的店铺面积和货品上市节奏来规划季度货品款式开发，还要根据各店铺实际销售货品的大类结构比例来具体细化每个货品大类在每个上市波段的款量。

服装品牌中品类的组合通常根据品牌以往的销售情况及消费群体的消费习惯而定，同时也要考虑到季节及地域的因素，不同季节的气温直接影响上架服装款式的类别。例如，春夏季一般以衬衫、连衣裙、薄款针织衫等品类为主，秋冬季则以毛衣、外套、羽绒服、长裤等保暖性强的品类为主。我国南方地区处于亚热带及热带地区，气候较北方温暖，同时春夏时间较长，因此针对南方市场的服装品类以春夏季的单衣为主，冬季则主要以夹克、毛衫、大衣为主，羽绒服品类相对少些。此外，进行品类规划组合时还要考虑到流行趋势的因素，在进行品类组合时适当地加入流行品类有助于提升产品的吸引力。

线下品牌规划新产品品类配比时，一般遵循以下一些原则。

（一）品类完整原则

尽量完善服装品种类型，完整的产品品类可以提高服装品类之间相互搭配的概率，同时也便于店铺导购进行连带销售。有经验的导购通常会按照消费者的风格与身材搭配一整套的服饰产品，如上衣、裤子、外套、丝巾、鞋子、包包等，这样不仅可以提高成交的概率，还能够进行商品连带销售，完整的产品类型是导购进行连带销售的基础。

（二）畅销品类优先原则

在规划产品品类配比时，可以通过以往销售数据分析出畅销产品类型，如在春夏季时，连衣裙的销量最高，外套销量较低。规划时可以适当提高连衣裙的配比，按照品类畅销程度由高到低进行配比。

（三）易搭配原则

规划产品品类时还应注意各产品品类之间的相互搭配，如两款上装至少要找到一款可以搭配的下装，以便导购实现最大化销售。

表4-7所示为某女装品牌秋冬产品品类表，从表中能够看出，新一季秋冬产品品类中几乎包含了服装所有的常见品类，如衬衫、T恤、针织衫、针织裙、裤子、半身裙、牛仔裤、夹克、大衣、羽绒服等，为消费者提供了多样化的选择。此外，四个系列的款数并不是平均分配的，而是根据系列畅销度进行规划，如果职场系列在此品牌中的消费群体较少，那么职场系列的品类可以相对少些。在款式比列上，上装及毛衣总款数为95款，下装总款数为33款，上下装的款数比列接近3∶1，一般来讲，上装款数是下装款数的3~5倍为最宜搭配。

表4-7　某女装品牌秋冬产品品类（款）

类别	品类	计划款数	潮流系列（绿黄灰色系）	优雅系列（玫橘棕色系）	休闲系列（卡其灰色系）	职场系列（藕粉灰色系）
上装 Top	T恤	23	5	8	7	3
	衬衫	24	7	5	5	7
	背心（吊带）	5	1	1	2	1
	卫衣	15	2	5	6	2
	夹克	7	1	3	3	0
	西装外套	9	2	1	1	5
针织 Knit Wear	毛衣	12	3	3	4	2
	针织裙	3	1	1	1	0
	针织外套	3	1	1	1	0
	针织套装	3	1	1	1	0
连体装 One Piece	连衣裙	14	6	2	2	4
	连体裤	2	0	0	1	1
大件 Big	风衣	9	2	2	2	3
	大衣	8	2	2	2	2
	羽绒服	6	1	2	2	1
下装 Bottom	裤子	15	3	5	4	3
	半裙	13	5	2	3	3
	牛仔裤	5	1	2	2	0

续表

类别	品类	计划款数	潮流系列（绿黄灰色系）	优雅系列（玫橘棕色系）	休闲系列（卡其灰色系）	职场系列（藕粉灰色系）
配饰Accessory	围巾	8	3	2	2	1
	鞋	12	3	3	4	2
	包包	16	4	4	5	3
	首饰	40	12	10	12	6

三、商品波段及上市规划

服装企业对于新产品的市场投放并不是一次性全部投放，而是按照服装产品的生命周期、季节、地域及产品特性等因素，分波段地投放到终端店铺。一方面波段上货可以增加店铺的新鲜度和吸引力，促使营业额出现若干个高峰；另一方面合理的波段上货也有利于导购熟悉货品及做好货品的视觉陈列。在进行商品波段规划时需要从商品的生命周期、季节、地域、商品特性及货品组合等多方面进行综合考虑，合理地安排新产品上货的时间、顺序以及数量。

（一）波段规划注意要素

1.把握好服装商品销售季节的划分

传统的服装销售按照春夏秋冬四季划分，而做产品企划时，一般按照春夏、秋冬的季节进行规划。以北半球为例，春夏的服装交易从2月开始到8月结束，6月末开始换季打折销售；秋冬的服装交易从8月持续到次年2月，在西方于圣诞节后开始打折销售，在中国一般以春节为节点，于年后开始降价促销。随着人们生活水平的提高，时尚更新速度越来越快，人们购买服装的行为不再仅仅发生在换季时，因此销售季节的划分也越来越细致。以北半球为例，早春服装的销售时机为1~2月，2~3月为春季销售，很多品牌3月末的时候会有季中促销打折；4~5月为早夏产品销售时间，6~7月为夏季产品销售时机，7~8月为夏末秋初的换季促销时期；9月开始进行秋装的销售，10月开始逐渐加入冬季产品的销售，一直持续到次年1月。很多公司在特定的节日，如春节、圣诞节，还会推出特定的节日系列，这些系列一般提前节日一个月上架。

2.熟悉服装货品组成

服装货品主要由基本款、副产品、促销款、形象款和配饰产品组成，在进行波段规划时，通过分析以往销售数据规划这些货品的构成比例。

（1）基本款：数量大、款式少、消费者需求较大的产品，销售此类产品所获得的毛利一般可维持店铺的日常费用，其占店铺商品总量的比例一般不超过60%。

（2）副产品：利润产品，是指具有品牌风格，消费者需求有一定个性的中高价位的产品，此类产品的销售可成为店铺获利的主要来源，一般占商品总量的30%。

（3）促销款：供活动使用的款式，可形成竞争PK，衬托气氛，营造活动价格优势。

（4）形象款：又称明星款，指概念化的、具有明显品牌风格、价格较高的产品，这类产品在店铺中必须要配置，但一般不超过总量的5%。

（5）配饰产品：辅助销售，赢取附加利润的产品，如项链、领带、腰带、帽子、箱包等。

3.顺应服装商品的生命周期

服装商品如同生命一样，也有一个从产生到消退的生命周期。服装商品上架后要经历导入期、成长期、成熟期、衰退期、消亡期几个阶段。

（1）导入期：新一季的服装产品会在款式结构确定下来后先小批量地投放到市场中，因为这段时间产品还没有完全定型，并且消费者对新产品还不是很了解。表现在销售方面则是销量增长比较缓慢，并且销售不稳定。在这一时期，服装产品的利润较低，因此设计师要时刻密切关注终端市场，了解消费者对新产品的反馈信息，以便在第一时间采取措施对后续的产品进行调整。

（2）成长期：这一时期服装产品由试销开始转向大批量进入服装市场，终端销售量迅速增长，产品进入市场的成长期。在成长期，消费者开始了解商品并接受，此时可以大批量上货，这有利于降低生产成本和销售成本。在此阶段要注意保证商品的质量，同时还要研究制订出与模仿商品和同类商品的竞争对策，加大商品的宣传，保持销售的持续增长，最大限度地延长成长期。

（3）成熟期：当新产品在市场上被广泛认识和接受之后，销售量通过稳步增长达到最高阶段，产品步入市场的成熟期。在这一时期，由于产品生产及工艺更加成熟，成本进一步下落，但竞争却更为激烈，市场已基本趋于饱和。在成熟期的后期，销售量开始下降，这一时期需要服装企业及时果断地采取应急性战略，如降价倾销策略、移地销售策略，以尽可能地延长本企业产品的成熟期。例如，由于气候的原因，某款连衣裙在华南地区达到成熟期后，在北方地区的销售仍然处于上升期，这时依然需要继续上货。

（4）衰退期：衰退期是指随着流行的衰退，上市产品开始老化，造型风格已不能适应消费者求新求异的心理需要。新的产品开始进入市场，旧产品逐渐被新的流行商品所取代，这时老产品的销售量由缓慢下降转为急剧下降。这一时期，在新产品的冲击下，老产品多靠降价来维持生存。销售量可能降低不大，但销售利润却急剧下降。因此，在这一时期品牌要加强财务核算，密切注视亏损的可能性，适时放弃老产品。同时，当一种款式进入成熟期，也是逐步上架其他新款的时间。

（5）消亡期：商品从投放市场开始，经过成长期、成熟期再向消亡期迈进，是一种生态规律。一种产品在完成一个完整的生命周期之后，设计师及销售部门需要及时分析该款的销售情况，为日后的工作积累经验。随着流行更新速度的加快，服装商品的生命周期也变得越来越短，服装正价期一般为上市后的2个月内，超过正价期后便可以打折清仓销售，折扣销售可以增加销售额、加速库存的周转。

（二）波段上货时间

设计师在制订产品波段时要根据产品的生命周期、品牌定位、消费者对产品更新速度的需求等因素来安排。不同类型的服装品牌，产品波段的数量也不尽相同。例如，商务正装及运动装的更新速度相对较慢，可以分为4~6个波段，年轻时尚的品牌一般会有8~10个波段。而以更新速度快、款多量少而著称的快时尚品牌则可以每周上货甚至每周多次上货，通过快速更新来保持货品的高新鲜度。

季节是制订波段上货时间需要考虑的因素之一，产品的上市时间是影响销售的直接因素，一般比实际季节变更时间点早一个月左右，规划时需依据季节温度的更替、春夏季面料从厚到薄、秋冬季面料从薄到厚制订上货计划。表4-8中新产品的波段按照春季、夏季、盛夏、秋季及冬季的季节转移划分波段，随着气温的不断变化，安排不同品类的新品循序渐进地上架销售。每个波段的货品都要保证产品结构齐全、颜色和码数齐全、波段里按系列上货，不同款式相互容易搭配，否则会直接影响终端店铺的陈列和销售。

表4-8 季节上货波段

季节	波段	上货时间	上货品类
春季	春一波	1月1~20日	西装外套、风衣、薄毛衫、长裤、半裙、卫衣套装；夹克、针织衫、长袖衬衫、薄风衣、牛仔裤、半裙、连衣裙、长袖T恤马夹
	春二波	1月20日至2月10日	薄针织衫、七分袖衬衫、薄外套、牛仔裤、七分袖连衣裙、半裙
	春三波	2月10~30日	九分裤、七分裤、半裙、连衣裙、薄夹克、马夹、套装、衬衫、长袖T恤

季节	波段	上货时间	上货品类
夏季	夏一波	3月1~20日	中袖T恤、中袖衬衫、半裙、中裤、裙裤、连衣裙、套装、连体裤
	夏二波	3月20日至4月10日	短袖T恤、防晒衫、短袖上衣、半裙、中裤、短裤、裙裤、连衣裙、连体裤、外披
	夏三波	4月10~30日	短袖T恤、背心、防晒衫、短袖/无袖上衣、半裙、中裤、短裤、裙裤、连衣裙、连体裤、外披
盛夏	盛夏系列	5~6月间隔上货	度假连衣裙、短袖上衣、吊带背心、沙滩裤、短裤、半裙、防晒衣
秋季	秋一波	8月1~20日	衬衫、长袖T恤、半裙、连衣裙、牛仔裤/裤
	秋二波	8月20日至9月10日	薄毛衫、薄西装、单夹克、针织背心、连衣裙
	秋三波	9月10~30日	风衣、夹克、小西装、毛衣、休闲裤、连衣裙、半裙
冬季	冬一波	10月1~15日	中厚毛衣、厚夹克、夹棉风衣、厚连衣裙、中厚休闲裤、毛呢半裙
	冬二波	10月15~31日	大衣、皮衣、厚毛衣、羊绒大衣、棉夹克
	冬三波	11月1~20日	羽绒服、棉服、裘皮大衣、夹棉连衣裙/半裙、抓绒牛仔裤
节日系列	新年系列	11月20日至12月10日间隔上货	节日主题大衣、羽绒服、连衣裙、半裙、毛衫、裤子、小礼服

品牌的货品一般会划分成不同的系列，上货时也需要考虑到品类及系列的维度，按照系列进行波段上货规划，有利于系列产品的完整性，见表4-9。

表4-9 系列上货波段表（款）

品类	款数	波段 / 系列	春季			夏季			合计
			春一波	春二波	春三波	夏一波	夏二波	夏三波	
西装外套	17	潮流系列	1	1		1			3
		休闲系列	1	1		1			3
		优雅系列	1	1	1	1			4
		职场系列	2	1	1	2	1		7
衬衫	23	潮流系列	1	1	1	1	1		5
		休闲系列	1	1	1	1	1		5
		优雅系列	1	1	1	1	1	1	6
		职场系列	2	1	1	1	1	1	7

续表

品类	款数	波段	春季			夏季			合计
		系列	春一波	春二波	春三波	夏一波	夏二波	夏三波	
连衣裙	21	潮流系列	1	1	1	2	1	1	7
		休闲系列	1	1		1	1		4
		优雅系列	1	1	1	1	1	1	6
		职场系列	1	1		1	1		4
休闲裤	22	潮流系列	1	1	1	1	1	1	6
		休闲系列	2	1	1	2	1	1	8
		优雅系列	1	1		1	1		4
		职场系列	1	1		1	1		4
总计									

　　除了季节及产品的生命周期，在进行波段规划时还要注意地域的因素，我国国土广阔，不同地域的气温有明显的差别，南方和北方的季节变化一般会有一个月的时间差。北方的冬季长、夏季短，南方的夏季长、冬季短，店铺遍及全国的品牌需要根据不同地域微观调整各地的上货时间。

　　品牌的定位及店铺的位置不同，上货时间也应有所差别，上货时可以根据店铺的情况灵活地把握上货时间。在销售旺季，店铺的货品周转快，可以增加上货次数；淡季可以适当地增加促销，减少上货的次数。也可适当地参考以往的上货时间，结合当季的情况制订上货波段。此外，节日是最佳的销售时机，因此，在每个节日前都要大量上货，在节前都要进行新款上货及热卖款的补货，以保证店内的货源充足。

思考题

1.可以从哪些方面进行目标市场的细分？

2.线下品牌规划新产品品类配比时，一般遵循哪些原原则？

3.根据目标品牌定位制定下一季的产品企划。

第五章

服装单品设计元素与方法

第一节　细节元素设计

　　服装的局部造型设计属于细节设计，包括服装廓型内的部件结构和零件轮廓。服装细节包括衣领、门襟、口袋、衣袖、腰节、下摆、腰头、裤腿、裤脚、连接件、衬里、分割线、省道等。服装轮廓确定后，细部结构的设计变化与分割连接的不同，都会形成不同感觉的服装。

一、衣领

　　因为衣领接近头部，所以常常是视觉的重点。衣领的变化非常丰富，尤其是在女装设计中，其变化会影响服装的风格，但在男装设计中变化则比较微妙。以与衣身连接方式划分，可分为连身领、装领、组合领三种。

（一）连身领

　　连身领是与衣身连接在一起的领子。领型较为简洁，主要以边沿线条变化为主，设计形式主要有无领和连身出领。

　　无领是衣身上没有加上装领的领子，领口的线条造型决定领型，如圆领、方领、一字领、U字领、V字领等。连身出领是指从衣身延伸出来的领子，外表看似装领，但没有装领与衣身连接的缝合工艺。连身出领是通过延长衣身尺寸，利用捏褶、收省等工艺调整出需要的领部造型（图5-1）。

图5-1　连身出领

（二）装领

装领是衣身与领子拼接缝合形成的独立领型，此类领型比连身出领具有更多的外观变化形式。一般主要由领座的高度、领子的宽度、翻折线的特点和领部外沿线造型这四个因素影响领型结构。

根据结构特征，装领主要分为立领、翻领、翻驳领和平贴领四种。

1.立领

立领是领子呈现直立状态的一种领型（图5-2）。立领结构主要是外加一个直立的领子（类似衬衫领的低领），领子下口和衣身领窝连接拼合。立领有直立式和倾斜式。直立式具有庄严、挺拔的特点，倾斜式具有动感变化、装饰性强的特点。立领有三个设计要点：一是领口变化，领口纵向深度和领口横向宽度可根据风格特点进行自主变化；二是衣领形态，衣领的形状可以是圆角、方角或不规则形态的变化设计；三是开口方式，有前开、后开、侧开的形式，可配合拉链、纽扣、系带等辅助设计不同的开口方式。

图5-2　立领

2.翻领

翻领是领面向外翻折的一种领型（图5-3）。一般情况下，翻折面会掩盖领子与衣身的缝合位。衬衫翻领分为有领座和无领座。无领座较为休闲，有领座则较为正式、严谨。领角可分为圆角和直角。其中男士衬衫的翻领，领角又可以分为八字领、小八字领、一字领等。一般服装款式的翻领，领面宽度、长度以及装饰工艺，都可根据设计师的设计风格进行调整。

3.翻驳领

翻驳领是翻领的一种特殊结构（图5-4），因肩领面多拼合一块驳头衣片，也被称为翻驳领。驳头是衣面外翻折的部分，与肩领拼合。驳头的方向变化有两类：向上的为戗驳领，驳角直线的为平驳领。西服的翻驳领一般是驳头近似于直角，戗驳头与肩领面靠近。翻驳领除了用于西装外，也用于夹克、风衣、大衣、

图5-3　翻领

连衣裙等。翻驳领领面较宽，休闲性较强。翻驳领设计要点：一是领面变化，包括领面的宽窄和形状（圆形、方形、缺角）的变化，以及具有翻折、直立、立翻等状态；二是驳头的变化，驳头一般与领面同宽，但在设计中会通过调整驳头宽窄、长度调整比例；还有驳角的直角、圆角、尖角变化，外轮廓的直线、曲线、折线的变化；三是门襟变化，可设计搭门或无搭门，以及门襟领口深度、纽扣数量和排列、扣合方式等变化。

图5-4　翻驳领

4.平贴领

平贴领是没有底座，领子内口与领窝拼接缝合，且服帖于肩膀上的一种领型（图5-5）。平贴领多用于女装、少女装和童装，男装应用相对较少，其具有平服、舒展、柔美的特点。

平贴领的设计要点：领窝变化，改变领窝深度、宽度和不规则形态，领型有V字领、U型领、方型领、一字型领等。

（三）组合领

组合领是在前面常规领型的基础上的综合运用变化。将两种或两种以上的领型通过一定的美感形式搭配，创造新的领型，强调设计师的设计能力（图5-6）。

图5-5　平贴领

图5-6　组合式领型

二、门襟

门襟是服装前胸的开合部位，是为了使人们穿衣扣合时更便利，以及具有修饰服装外观的作用。门襟的扣合方式影响门襟的结构设计，如采用拉链式门襟，一般是左右相对的状态；如采用纽扣、搭扣、工字扣等，门襟则是左右相交叠搭的状态。门襟按构成形式，可以分为直门襟、曲门襟、斜门襟、多门襟。

（一）直门襟

直门襟是左右衣襟相合呈直线造型的一种形式（图5-7）。直门襟运用最多，适用于较多类型的服装。直门襟既可用拉链也可用纽扣等开合，在结构设计上，有明门襟和暗门襟：明门襟的门襟位能清晰看到扣合辅料等材料呈现在外部；暗门襟是门襟扣合材料隐藏于贴边底部，外观看起来更为简洁。直门襟呈现严谨、正式的感觉，常用于衬衫、西装、军装。

（二）曲门襟

曲门襟是门襟呈现曲线
造型的一种形式，一般女装
运用较多（图5-8）。扣合方
式主要以纽扣或搭扣为主。
曲门襟具有柔美、浪漫的
特点。

（三）斜门襟

斜门襟是门襟呈现斜线
造型的一种形式。斜门襟在
男女装中均被设计运用，具
有干练、利落的特点。一些
传统民族服装应用的也是斜
门襟的开合方式。斜门襟角
度变化和扣合位具有较多的
变化，如点状扣合可选在
肩位、腰位、衣身下摆位等
（图5-9）。

三、口袋

口袋是服装构成的基础
部件之一。口袋的设计源于
功能的需求，便于携带小物
件，不只是为了装饰效果。
口袋的尺寸并不能随意设定，
一般以手掌尺寸为基础延展
扩大，小口袋设计则能伸进
两三根手指。口袋的位置应

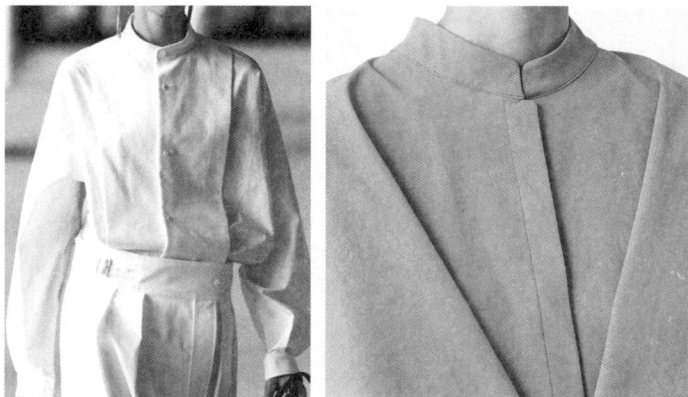

图5-7　明门襟与暗门襟

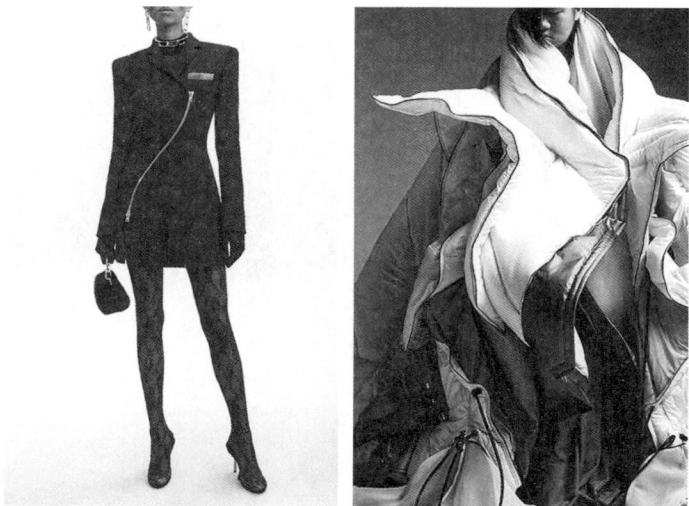

图5-8　曲门襟

图5-9　斜门襟

在手部能方便触摸的位置，以方便拿取或将手自然放于口袋。口袋主要分为贴袋、暗袋、插袋。

（一）贴袋

贴袋也称为明袋，是一种完全外露在服装表面的一类口袋（图5-10）。按立体空间关系，贴袋分为平贴袋、立体贴袋；按开合方式，分为有袋盖和无袋盖。一般情况下，贴袋面料与主体面料相一致。贴袋的设计也需与服装风格保持统一，休闲装和工装中常使用贴袋的设计，在贴袋形状、袋口、装饰、工艺等方面进行多样化的设计。

（二）暗袋

暗袋是兜布隐藏在衣片内的一类口袋，一般只露袋口，袋口处用缝线固定，内衬以袋布，也被称为挖袋（图5-11）。暗袋袋口有两种形式：有袋盖暗袋和无袋盖暗袋。暗袋多用于具有正式、严谨、含蓄服装风格的款式中，如制服、套装、大衣、西裤、运动装等品类。

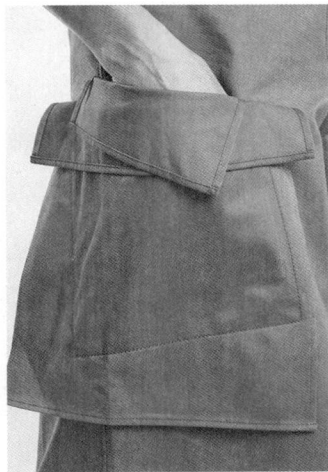

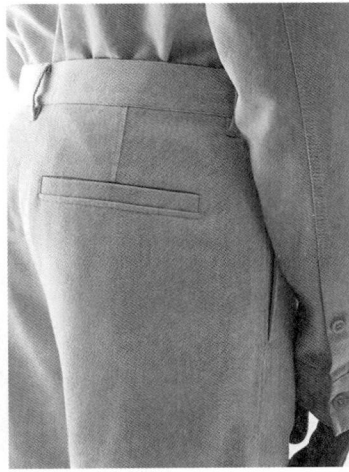

图5-10　贴袋

图5-11　暗袋

（三）插袋

插袋和暗袋有些许相似之处，都是兜布隐藏在衣片内，差异处是插袋袋口一般在服装的拼缝位，巧妙地隐藏插袋，具有隐蔽、含蓄的感觉。插袋强调的是与服装拼缝结构的自然衔接，袋口会借用工艺隐藏，如在褶裥裙中设计在折合位；也有故意强调暴露袋口的，则会在袋口位增加装饰或工艺点缀（图5-12）。

图5-12　插袋

四、衣袖

　　衣袖是服装构成的重要部件，衣袖的造型变化会影响服装整体的廓型变化。手臂是人体活动幅度较大的部位，衣袖也会根据手臂的活动幅度进行设计。例如，笔直的商务西装，衣袖较为合体，衣袖的拼接位设计在正肩位；运动类的上衣，需要配合较多不同形态的动作，衣袖较为宽松，个别款式会以溜肩或插肩的结构进行设计。袖山、袖身、袖口的特点是衣袖结构的设计重点。

（一）袖山设计

　　袖山根据袖子与衣身结构形式进行变化设计。根据拼接结构特点，可分为装袖、插肩袖和连身袖。

1.装袖

　　装袖是服装中最为规范、经典的袖子结构形式。根据肩部和手臂结构，缝合位要求平顺，肩线与袖山转折要利落，袖窿要贴合肩头，使肩位圆润饱满。商务西装、制服、大衣、衬衫常使用装袖设计（图5-13）。

　　装袖还根据袖山高低，分为圆装袖和平装袖。圆装袖袖山高、袖身瘦，造型笔直，但手臂活动范围有所限制，正装西装常使用圆装袖设计。平装袖是袖山低、袖身肥，袖窿较为平坦，肩位线下移，结构宽松，手臂活动较为自由，运动上衣、外套夹克、休闲装常使用平装袖设计。

2.插肩袖

插肩袖也称连肩袖，是袖子袖山上端部分延展到肩部的一种袖型。插肩袖的特点是袖型流畅、宽松舒适，多用于运动装、大衣、风衣、外套等款式。插肩袖上端全插入肩位，与领位相接，称为全插肩袖，不与领位相接则称为半插肩袖（图5-14）。插肩袖在结构设计上还可以分为一片袖、两片袖和三片袖。一片袖裁片呈Y型，两片袖由前后两片结构拼接而成，三片袖则在两片袖基础上，于腋下插入结构，提升袖型活动度。

图5-13　圆装袖、平装袖

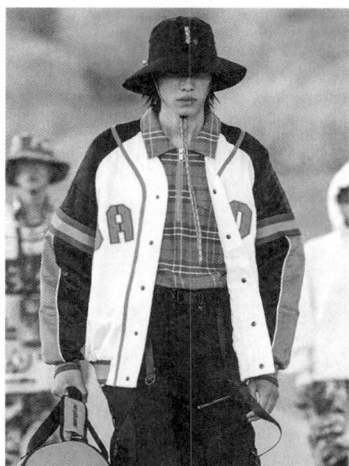

图5-14　插肩袖（品牌：李宁）

3.连身袖

连身袖是指从衣身延伸出来并且没有被裁剪的一种袖型。我国传统民族服饰中，深衣、襦衫等大多采用此袖型，具有浓烈的民族风格。连身袖具有宽松舒适、自然随意的特点。中国传统的连身袖（图5-15），衣服平铺展开，袖子与衣身呈90°状态，袖中无接缝，衣侧沿着袖子边沿缝合，这类结构状态，腋下会有一些衣纹堆褶。现代的连身袖，已发展为较贴合的裁剪结构，袖子与衣身构成约45°范围的倾斜，腋下堆褶量减少，肩袖位平整利落（图5-16）。

图5-15　清朝女子服饰

图5-16　连身袖设计

（二）袖身

根据造型特点，袖身可以分为H型、A型、O型、D型、膨体型、仿生型等变化形态。

H型也是一种直筒型袖型，可分紧身和松身两种结构，是最基础的袖型，具有正式、稳重的特点。A型具有袖窿位宽度大致不变，袖口位较宽的特点。O型类似膨胀袖型，袖身中段位最为突出，这类袖型一般用于较为夸张的款式。D型袖身有两种效果，一是袖身内侧位线条较为平顺，强调外轮廓的圆鼓造型，外轮廓成茧型或O型的造型；二是袖身外侧线条较平顺，袖身内侧形成中段圆鼓结构，传统服饰中的外衣袖型多使用D型造型，具有飘逸灵动的特点（图5-17）。膨体型是指夸张蓬松的结构，袖身造型多变，如常见的泡泡袖、灯笼袖等。仿生型是仿照生物形态进行变化设计（图5-18），如羊腿袖、喇叭袖、花袖（采用不同类型花的形态）。袖身的设计不是孤立的，常常会与衣身的造型、风格相一致。

图5-17　明代服饰中的袖身造型

图5-18　袖身造型设计

（三）袖口

袖口设计根据宽度状态可分为收紧式和宽松式。从结构状态可分为有袖头和无袖头，有开衩和无开衩。从装饰语言状态还可分为有装饰和无装饰。袖口设计应和袖身、袖山的线条造型统一与呼应，并思考其功能性特点，运动型的袖口一般较为收紧，并具有松紧调节的功能；需要展示动感效果的则会采用宽松、无袖头的结构设计。

五、腰节

腰节是服装腰部或连身服装中腰部的细节设计。腰节设计是风格设计中重要要素之一，尤其在女装上表现最为突出。最常见的是采用省道设计处理腰部造型，还可通过褶裥、襻带、纽结、松紧带等工艺进行设计，还可以利用分割线处理衣身不同部位的连接关系。腰节设计的方法多样，设计师可根据风格需求巧妙变化（图5-19）。

图5-19　腰节的设计

六、腰头

腰头是指与下装相缝合的带状部件（图5-20），有高腰、中腰、低腰，高腰显精神，并有拉长腿部比例的感觉；中腰显严谨正式，西裤、西裙常使用此类设计；低腰显慵懒、休闲和性感，男装低裆裤、女式牛仔裤等多采用此类设计。腰头的结构可分为上腰头和无腰头，上腰头是指腰头有独立结构裁片，并与裙片或裤片相缝合，上腰头的造型、宽度和扣合方式根据设计风格自由变化；无腰头是指裤片或裙片延伸连裁，通过收省、打褶等进行合体设计。

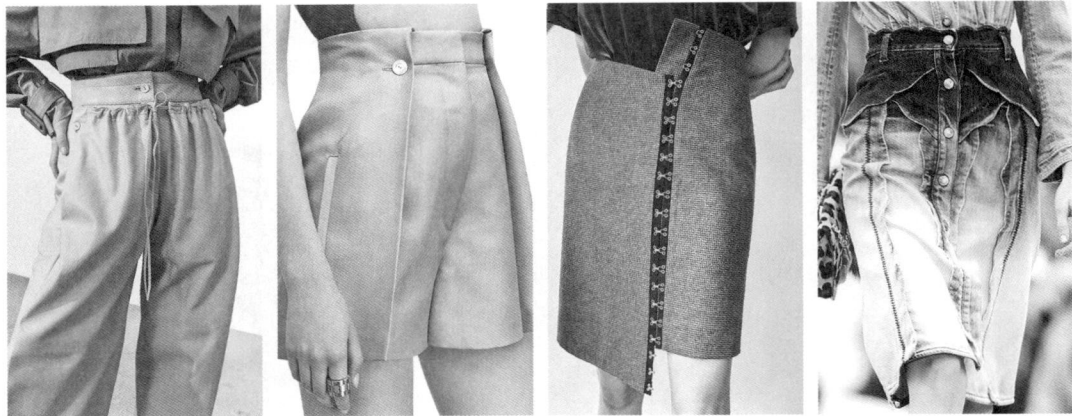

图5-20　腰头的设计

七、下摆

　　下摆是指衣身或裙的最下端部分（图5-21）。在结构上，下摆的设计一般是左右对称；增强设计造型感时，可以运用不对称的形式设计。下摆的线条有圆弧形、直线形、波浪形等。下摆的长度和造型，视所需的设计风格变化，如严谨的西服，下摆围度合体适中；柔美的长婚纱礼服，长及拖地，下摆围度较为宽大；凸显性感的裙装，下摆会采用开衩的设计。衣身下摆要考虑人体臀围的尺寸，衣身要平顺包裹人体，下摆围度需基于臀围的尺寸上增加。

图5-21　下摆的设计

八、裤腿

　　裤腿是指两裤管的结构部分（图5-22）。腿部是肢体活动较为频繁且动作多样的部位，尤其需要注意臀部、胯部、膝盖位、脚踝位的设计要点。可分为紧身、合体、宽松，紧身板型中有铅笔裤、喇叭裤等，合体板型中有直筒裤，宽松板型中有阔脚裤、灯笼裤、锥形裤等，较为紧身的裤装，面料需要具备一点弹性。男士西裤板型变化较小，常采用合体板型，裤身无过多结构分割，休闲裤装造型更为丰富，裤身上可进行裁片叠加、功能性结构分割、缝纫或装饰工艺的装饰点缀。

图5-22　裤腿的设计变化

　　裤脚是指裤管最底端的部位。根据宽度可分为宽口和窄口，宽口裤脚大小一般根据裤管宽度相近，直筒裤或阔腿裤多为此类设计；窄口裤脚分收脚口和不收脚口，不收脚口时，裤脚宽度一般比脚踝尺寸多2~4cm；收脚口时，脚口松紧度通过

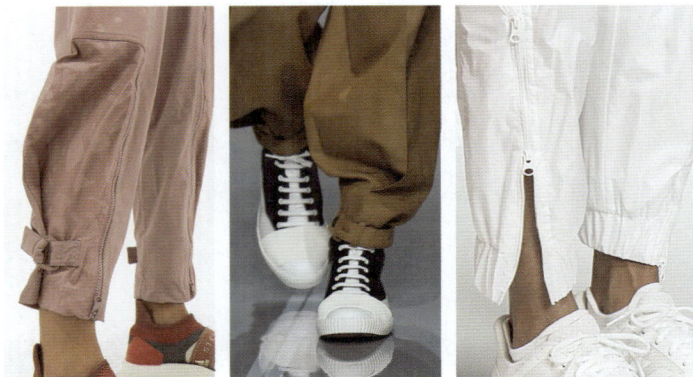

图5-23　脚口的不同工艺设计

扣襻、拉链、抽绳、橡筋、打褶的结构收紧裤脚（图5-23）。

九、连接件

　　连接件是指在服装结构中起相连、固定作用的配件，常见的有纽扣、勾扣、插扣、魔术贴、襻带、绳带、拉链等。男装设计中，连接件主要以功能性为主，西装的纽扣、机能风马甲的插扣、裤头的勾扣，都是以扣合功能为主；女装设计中，连接件除了连接功能，还需兼顾造型外观装饰的作用。连接件虽细小，但在辅料搭配中起着重要的作用。

（一）扣类

　　扣类设计是服装连接设计中的主要形式之一，呈现点状连接设计特点。扣类包括纽扣、子母扣、插扣、勾扣。勾扣多数隐藏于衣身里面，其余几种扣类多露在服装外部，起连接作用（图5-24）。设计时还可考虑材料与服装风格的统一性，如精纺毛料的西装外套，纽扣多考虑有质感的牛角扣；休闲的牛仔夹克多使用金属扣；粗纺的毛衣多考虑有形态感的树脂扣。

图5-24　扣襻结构的设计图

（二）拉链

　　拉链在服装中呈线性设计特点。敞露在服装表层的拉链常用于门襟和领口；隐藏于服装内部结构常用于裤门襟、腰侧和后背处；鞋包也常使用拉链设计。拉链在开合方式上较为便捷，多运用于休闲、运动风格外套中，在功能设计中，风衣外套门襟运用拉链和挡风贴，更具防寒保暖的作用。

　　拉链的材质有金属、尼龙、塑料。服装风格和面料材质影响拉链材质的选用，厚实的皮衣、夹克多选用金属拉链；挺括的风衣、运动服、针织衫多选用塑料拉链；轻薄的风衣、上衣、外套多选用尼龙拉链。

（三）绳带

　　绳带在服装中呈动态线性设计特点，分可拆卸绳带和固定绳带两种，多用于领部、帽围、袖口、腰部、裤腰头和裤脚口，两类绳带都具有束紧调节的功能作用。绳带的材质、宽度、长度和形态根据设计风格自定。例如，运动装中常采用弹力绳做帽围、袖口、衣下摆、裤脚口的位置的调节收紧；一些外套或裤装采用和衣身面料一致的扣襻结构。绳带还可作为装饰手法运用于服装当中（图5-25）。

图5-25　绳带的收紧调节与装饰手法的运用

十、衬里

衬里是指服装里层的面料，也指里料。夏季的服装一般较为轻薄，较少使用里料，通透的表层面料需要遮挡特定部位，就会增加衬里，如雪纺、真丝和蕾丝设计的裙装。秋冬类等大衣外套常使用衬里，一般选择较为光滑、柔软的面料。

十一、分割线

分割线是指服装中利用裁片的分割，增加服装板型结构的变化。服装设计中运用分割线设计手法主要有两种：装饰性分割和结构性分割。

装饰性分割主要目的是增加服装的装饰审美需求，通过分割线点缀服装中线条的表现力。线条的曲直根据人物和风格进行调整，如女装中多采用曲线分割，男装中多采用直线分割；如贴身款式，分割线多以曲线贴合身体进行设计；干练中性风格多采用直线分割，柔和浪漫风格多采用曲线分割（图5-26）。分割线的数量、秩序、节奏排列应注意疏密层次变化，讲究比例审美。

结构性分割主要解决不同体型、修正不同部位的造型变化和特定部位的活动性结构调整。通过结构性分割线处理，丰富分割的变化手法，还可以根据人体不同部位所需优化身体线条（图5-27）。

图5-26　装饰性分割线的设计

图5-27　结构性分割线的设计

十二、省道

　　省道是指服装为了贴合人体结构起伏设计的一种收起多余量的手法（图5-28）。面料是平的，把平整的面料贴于有立体感的人体身上，面料需要捏除多余的褶裥量，收合或减去，使面料与人体贴合。以女性上身为例，以胸高点为中心点，收省线可延伸在肩线位、袖窿位或腰线位，省道形态接近三角形。

　　根据位置不同，可分为胸省、腰省、肩省、侧缝省、袖窿省、中缝省和臀位省。省道在服装中的设计变化有三种：省道位置的变化，利用省道位置的转移或合并，实现位置的变化和隐藏；省道的分散，把一个大省量的省道划分多个；省道的合并，把若干个省道合并成一个或两个。

省道缝合样衣采取向内折藏匿缝合，表面看只是一条线。如今一些款式设计为了增加装饰效果，会融入装饰线、翻折和嵌条等工艺。

图5-28　省道的设计

第二节　色彩元素设计

色彩是服装设计中的重要组成部分，色彩奠定服装风格属性的基调。服装色彩设计，需要考虑到对象的性别、年龄、职业、肤色、体型和身处环境等。学习色彩的属性，有助于提升对色彩的感知能力，辅助设计时的搭配运用。

一、色彩的认识

（一）色彩的产生

色彩是眼球感知光波的结果，光源照射物体，一部分光线被物体吸收，一部分频率的光被反射并刺激人的眼睛，经过神经系统传到大脑，形成对物体色彩的感觉，也称为人的色彩感觉。

1.光源色

光源是指能自身发光的物体，如自然的光（日光）、人工的光（灯光、烛光等）。光源色是光源自身发射出的照射色彩，光源色的色彩也因光源和环境的不同而不同，如阳光是白色，白炽灯是黄色，月光是青绿色的。

2.固有色

固有色是不同物体通过白光照射呈现的颜色。固有色有两种表现形式，一种是固有物表面反射光呈现的色彩称表面色；另一种是透过透明物体的光所呈现的颜色称透明色。

3.环境色

环境色也称条件色，是物体受周围环境色的影响，自身固有色也发生变化。如一个红苹果放在白色墙边，靠近苹果的局部墙面会因为红苹果折射光的影响而有一层淡淡的红色，这就是环境色。

（二）三原色

原色是指最基础的原始色，原色不以其他颜色混合而成，也不能再分解成其余色光，但原色之间能混合成多种色彩和色光。

1666年，英国物理学家牛顿运用三棱镜将太阳光分解，得到了红、橙、黄、绿、青、蓝、紫七种光谱色带，其后物理学家大卫·布鲁斯特（David Brewster）进一步研究发现原色是红、黄、蓝三色，其余颜色是由三原色混合形成。

1.色料三原色

法国染料学家谢弗勒尔（M.E. Chevereul）通过染料实验证明红、黄、蓝三色理论。染料中三原色为品红、柠檬黄、湖蓝三种颜色。间色是指将三种其中两种混合相加得到的颜色。例如，红色+黄色=橙色，蓝色+黄色=绿色。复色是各种颜色之间多次混合，属于第三次色，纯度较低，如图5-29中三色叠加形成的黑灰色。

2.色光三原色

1802年，生理学家汤姆斯·杨（T. Young）根据人的视觉生理特征论证出新的三原色原理，新三原色是红、绿、紫，并非红、黄、蓝（图5-30）。三色光是朱红光、翠绿光和蓝紫光组合形成。这三色光混合形成其他颜色光，如蓝紫光+翠绿光=蓝色光，朱红光+蓝紫光=紫红光，朱红光+翠绿光+蓝紫光=白光，屏幕运用的色彩则是色光三原色混合而成。自此，人们认识到色光和色料的原色和混合规律是有所不同的。

（三）色彩的三种属性

1.色相

色相又称色调，是色彩原本的相貌（图5-31）。例如，红色、玫红色、黄色、土黄色、褐色、紫色、蓝色等不同具体称谓对应一个色相。

2.明度

明度又称光度，是指色彩的明暗（深浅）程度（图5-32）。明度是人眼对物体表面色彩接收明暗程度的感觉。无色彩中，白色是最亮的，明度最高；黑色是最暗的，明度最低；中间灰色指数以一定数值逐渐增减变化。

3.纯度

纯度也称为色彩饱和度，是指色彩的纯净程度（图5-33）。色彩纯度与明度相关，中等明度的色彩饱和度最高；颜色掺入白色越多，明度就越高，纯度则越低；颜色掺入黑色越多，明度就越低，纯度也降低。

图5-29　色料的原色、间色和复色

图5-30　色光的原色、间色和复色

图5-31　色相环

图5-32　无色彩系明度变化

（四）色彩的感觉

1.色彩的心理感觉

人类在历史发展进程中形成了对色彩的特有和一定程度记忆联想的情感意义。同一种色彩，由于民族、地域、社会、政治、宗教、风俗和时间背景的不同，也会产生不同的心理感受（表5-1、图5-34~图5-39）。

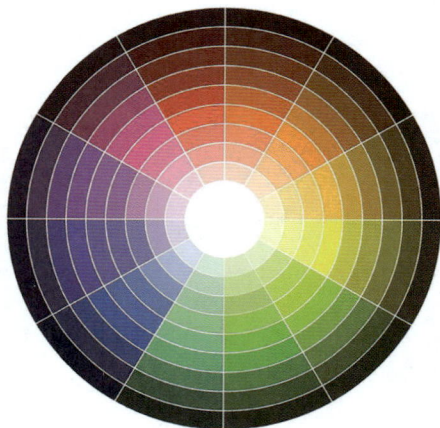

图5-33　纯度的变化

表5-1　色彩心理感受表

色彩属性		心理感觉	色彩	示例色彩
冷暖	暖色	温暖、热情、温和、感性	暖色系	红、橙、黄
	冷色	凉爽、沉静、冷酷、理性	冷色系	蓝紫色
膨胀与收缩	膨胀	扩张	浅色、高明度、高纯度	白色、浅黄
	收缩	紧缩	深色、低明度、纯度低	黑色、深红
轻重	轻	轻盈、轻薄	浅色	白色、浅蓝
	重	沉重、厚重、深厚	深色	黑色、深蓝
软硬	软	柔和、柔软	暖色、高明度含灰色、低纯度	米白、杏色
	硬	刚硬	冷色、低明度的中性色、高纯度的冷色	黑色
华丽与朴实	华丽	浮夸、鲜艳	高明度、高纯度、明亮、有光泽、强对比色	金色、橙色
	朴实	文雅、朴素	低明度、低纯度、弱对比色	灰色、大地色
强弱	强	强烈	色彩鲜艳、强对比色	红、黄
	弱	弱	色彩温和、弱对比色	蓝、紫
兴奋与沉静	兴奋	激动、活泼、亢奋	明度高、高纯度、偏暖色调	红、橙、黄
	沉静	平和、安静、深沉	低明度、低纯度、偏冷色调	青色、蓝色

图5-34　色彩的膨胀和收缩

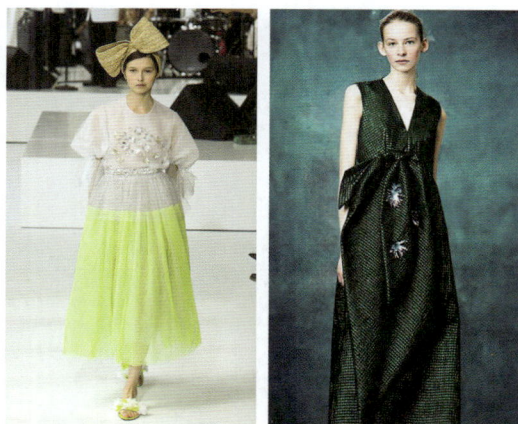

图5-35　色彩的轻重

图5-36　色彩的软硬

图5-37　色彩的华丽和朴实

图5-38　色彩的强弱

图5-39　色彩的兴奋与沉静

2.色彩的象征意义（表5-2、图5-40）

表5-2　色彩的象征意义

彩色系	红色	热情、奔放、欢乐、生命、革命、活力、血
	橙色	温暖、灿烂、快乐、刺激、动感
	黄色	活力、明快、年青、刺激、权利、尊贵
	绿色	生命、希望、和平、平和、安全、安静、放松、中庸
	蓝色	冷静、理性、安静、清爽、干练、冷漠、冷淡、忧郁、沉稳
	紫色	神秘、浪漫、优雅、高贵、阴柔、虚幻、静谧
	粉红	可爱、温柔、轻快、娇嫩、浪漫
	金色	豪华、权贵、财富、辉煌、奢侈、俗气
	银色	高贵、冷静、冷傲、锋利、现代、未来感、光芒感、科技感
无彩色系	白色	纯洁、干净、纯粹、明亮、高贵、平淡、丧事、神圣、圣洁、虚无
	黑色	庄严、严肃、正式、端庄、深沉、神秘、距离感、黑暗、死亡、压抑、不吉利
	灰色	平淡、宁静、高雅、朴素、低调、典雅、理性、孤独、落寞、颓废

图5-40　不同色彩的一些服装

二、服装色彩的搭配

对于服装色彩的搭配，要了解基本配色原理，在服装潮流色彩趋势中，根据色彩效果可分为五种：同类色搭配、类似色搭配、对比色搭配、相对色搭配、中性色搭配。

（一）同类色搭配

同类色是指在相同色相中，不同明度、纯度、冷暖调等不同层次色之间的组合搭配（图5-41）。红色系列中，就有深红、大红、枣红、橘红、玫瑰红、酒红、粉红等，可任意选取搭配。同类色搭配方法运用最为常见，也较为简易，搭配效果较为容易呈现色彩层次感。

图5-41　同类色搭配在服装中的运用

（二）类似色搭配

类似色是指色相环中角度在90°以内相邻的色彩，色彩之间含有共同色素，如红、红橙、橙、黄、黄绿、绿等色彩均属于类似色搭配（图5-42）。色彩差异较小，服装色彩搭配呈现统一和谐的感觉，变化较同类色更为丰富。

图5-42　类似色搭配在服装中的运用

（三）对比色搭配

对比色是指色相环中角度在120°~180°的两种颜色（图5-43），包括色相对比、明度对比、纯度对比、冷暖对比。因色彩对比较为明显，如红与蓝、黄与青、橙与紫，感觉也显得跳跃、活泼，在女装和童装中会较多使用，男装则会在年轻休闲类型中适当运用。由于较强的对比效果，需注意配色比例，双色搭配时，可适采用3：7或2：8的较大对比比例，以营造更好的色彩主次关系。

图5-43　对比色搭配在服装中的运用

（四）相对色搭配

相对色是指在色相环中角度在180°，刚好相对的颜色，也称为补色关系（图5-44），如红与绿、青与橙、黄与紫等。用色比例也需适当调整主次关系，相对色搭配视觉效果会较为强烈，设计师可以运用中间色调与相对色的组合搭配，调和色彩碰撞效果，表达出"强、弱、强"的色彩节奏变化。

图5-44　相对色搭配在服装中的运用

（五）中性色搭配

中性色搭配是指无彩色系中的黑、白、灰等中性色之间的色彩搭配（图5-45）。无彩色系无冷暖变化，色彩处于"中性"调性，色彩感觉让人有庄重、冷静、沉稳、低调、肃穆等感觉。一般出席正式场合穿着的正装以黑、灰为主。

黑白色搭配具有简约、明快的感觉；黑灰色搭配有沉稳、低调的效果；灰色调之间的搭配，具有内敛、冷淡、沉静的感觉；黑白灰三色间搭配，灰色一般作为黑色与白色间的调节色，使黑色与白色间更好地过渡、融合，色彩整体效果更具层次。

图5-45　中性色搭配

第三节　图案元素设计

服装图案是影响服装风格的重要因素之一，图案的设计形式是多种多样的，了解图案设计的基础概念，并根据不同类型群体和款式风格，设计与款式相统一的图案，是设计师的必备素质技能。

一、服饰图案的概念、审美和功能

（一）基本概念

1.图案

不同国度基于文化和发展阶段的不同，对"图案"的理解与认识也不尽相同。"图案"一词是在20世纪初从日本词汇中借用过来，其含义是指"形制、纹饰、色彩的设计方案"。我国最早的工艺美术专业是染织专业，最初是将纹样称为图案，对概念界限不精确，所以把纹样和图案等同了。

图案的概念可分为广义和狭义。广义的图案是指对某物体或对象的造型、色彩和纹样进行工艺处理而事先设计的方案图样。例如，一些产品、建筑、装饰物等关于色彩、造型、结构的规划设计，对工艺、材料、用途、成本、外观、实用等条件影响下的图样、模型、装饰纹样的统称。狭义的图案是指器物上具有一定布局的装饰纹样。

受当下的环境影响，对图案的理解是指在更大的空间中，各种元素所构成的图形范畴，其具有一定美感的、平面的、立体的表达自然形态或人工形态的图案，主要包括造型、色彩和表现形态。

2.服饰

服饰有两层含义：一是指衣服上的装饰，包括图案、纹样；二是指服装及其配饰的总称，包括衣服、首饰、包袋、鞋帽等。服饰的形态变化是随着文化、时代、制度和精神意识的变化而动态发展。服饰被人为所创造，被人们所穿着展示，通过服饰感受不同类型人群的服饰品位。

3.服饰图案

服饰图案是指具有一定图案规律，通过抽象、变化等方法而规则化、定型化的装饰图案和纹样，是多种内涵和表现形式的和谐统一。服饰图案的运用，最早可以溯源到人类原始时代，原始人或因图腾崇拜、祭祀、吸引异性等需要，他们会在身上划出伤口作为"刺青"，或是用有色矿土和兽血涂抹图案，或是佩戴串有兽骨、贝壳、牙齿、石子等装饰物，在人类漫长的生活史演变中，人们学会利用动植物提取纺织纤维编织织物，织物中图案的运用被广泛使用。

（二）服饰图案的审美

服饰图案的设计应考虑穿着对象、社会环境、流行文化和技术条件等因素，设计有创新且有意义的服饰图案。服饰图案的表现直接反映了特定阶段特定群体的文化风向。服饰图案的审美大体分为自然美、艺术美和社会美三类。

1.自然美

服饰图案的自然美是一种自然事物的美。它是人们用美学的眼光观察、记录并人工再现，满足人们对自然美的感受，如日月、花鸟、山水等自然物，在古时常被运用在服饰中。

2.艺术美

服饰图案的艺术美是一种表达心理感情的形式美。服饰图案是通过人们对图案创作时融入一定的思想内涵，表现出具有统一与变化、节奏与韵律的艺术形式，是一种具有主观反映的美。

3.社会美

服饰图案的社会美是人类社会实践活动的一种美。通过社会活动，如近些年对环保和可持续发展的话题，设计具有警示人们珍惜资源的服饰图案，或是基于服装材料与技术的发展，采用3D打印技术制作出具有科技风格的服饰图案（图5-46）。社会美的主题丰富多样，涉及范围更广，表现的形式和内容也就更具多样化。

图5-46　设计师艾里斯·范·荷本的3D打印技术服装

（三）服饰图案的功用

1.统一性

统一性是指服装图案与款式、风格、色彩的多方位统一，也指内涵和表现形式的相统一，如图案与文化内涵的相统一，以及地域与人文特征的相统一、图案与社会内涵的相统一。

2.修饰性

服饰图案对于穿着服装的人体具有修饰功用，主要起美化、强调和弥补缺陷的作用。

美化修饰是通过图案对服装进行装饰点缀，添加具有形式美感的符号化语言，使本来单调的款式增添风格之美。图5-47为女装腰部的图案美化修饰。

强调作用，是利用加强图案的表现效果，强化局部视觉张力，手法可以是大小对比、色彩对比、位置对比，在服装所需部位上突出设计点（图5-48）。

弥补作用，服饰图案可利用视觉差来弥补服装与人体的某些不足。例如，人体的体型不完全是完美比例，出现

图5-47　腰部美化修饰

的不足如胖、瘦、溜肩、驼背、小腹突出、臀部凹陷等，图案的弥补可以修饰、掩盖人体局部的不足，调整体型比例。服饰图案结合色彩对比、位置和造型的变化，弥补和削弱身体的某些不足特征，起到完善体型的视觉矫正作用。图5-49中S型的波浪线条在腰位紧密聚拢，视觉上起着收腰的效果。

图5-48　强调作用

图5-49　弥补作用

3.象征和寓意

象征，是借助特定事物表示某种特定意义或精神。象征可以是直接的、间接的、含蓄的、深层次的，利用象征性，使得服饰图案具有一定象征意义，积极的象征会带给人乐观向

上的精神风貌，给人鼓舞的动力。中国传统图案就是多采用象征手法的例子，如龙纹象征着"皇权"，桃象征着"长寿"，梅花象征着"高洁、谦虚"。

寓意，是借用某些题材寄托某种特定旨意。例如，传统图案中的图案多含有特定寓意，尤其服装图案需含有吉利的寓意，如石榴寓意"多子"，鸳鸯寓意"恩爱"，锦鲤寓意"连年有余"。

4.标识性

服饰图案的标识性具有社会功能性，其表现为标识等级、标识职业、标识品牌。

标识等级是封建社会用以区分社会阶层、上下等级，如龙、凤的图案分别被皇帝和皇后使用于服饰中，不同级别的文武官用不同的禽兽图案以标识其上下等级。中世纪的西方服饰，尤以"纹章"作为家族徽章来区分等级。

标识职业是区别人在社会中不同职业的身份，如军人、警察、医护、服务员、工人等都有其团体的服饰图案标识。

标识品牌是服装品牌特定表现形式，品牌利用自身Logo符号或代表性符号进行展示，强化其图案，具有鲜明的品牌标志性。

二、 服饰图案的分类和构成形式

（一）按空间分类

按空间分类，可分为平面图案（图5-50）和立体图案。以下通过维度空间和表现效果进行对比分析，见表5-3。

表5-3 维度空间和表现效果对比

空间分类	维度空间	表现效果
平面图案	二维空间	平面为主，侧重形象、构图和色彩
立体图案	三维空间	立体为主，侧重面料、材质和工艺表现空间感

（二）按构成形式分类

按构成形式可分为两类：单独图案和连续图案。单独图案是指独立的图案，可自由设计其大小、造型，

图5-50 平面图案的运用

具有较高灵活性。面积较大的独立图案多运用在前胸和后背，小面积图案则运用在部件和局部。连续图案是单独图案的重复循环排列，有二方连续和四方连续两种（图5-51）。

（三）按形象特点分类

按形象特点可分为两类：具体图案和抽象图案。具体图案是根据具体事物设计的服饰图案，图案与参照物相似，且带有气质、风貌的神似。抽象图案是指非具象的图案，一般是几何图案，规律或非规律的点、线、面构成图形（图5-52）。

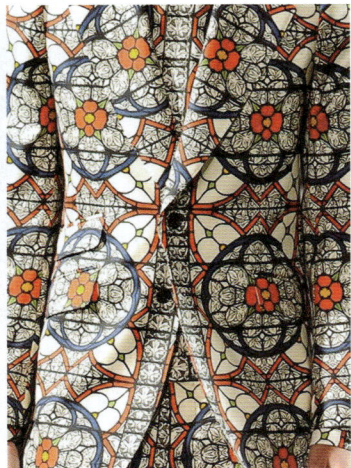

图5-51 单独图案和四方连续图案

图5-52 抽象图案

（四）按工艺分类

按工艺分类，有运用印、染、绣、绘、织、缀、镂空等工艺制作的图案（图5-53）。应根据服装与图案、面料等风格进行有选择性的运用。工艺的使用也需考虑面料的性能是否合适，如高密度机绣运用在真丝绡上，可能会出现机绣图案边沿起皱或针孔明显，影响视觉效果。品牌成衣中对工艺的选择须考虑并控制工艺成本，相同图案、不同工艺产生的成本费用也不同；单种工艺和复合工艺，会产生成本费用叠加。

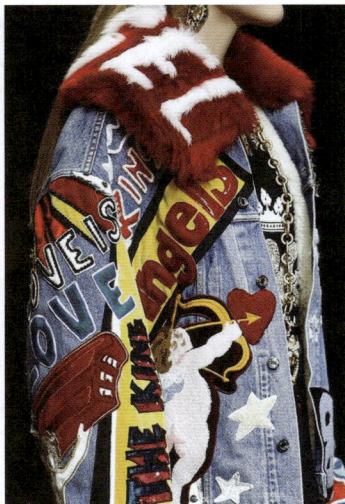

图5-53 不同工艺的图案

（五）按文化属性分类

按文化属性分类，可分为
中国传统图案和西方传统图案
（图5-54）。中国的图案内敛与
含蓄，西方则奔放和浪漫，形
成各自不同的图案风格。文化
的属性具有强烈的精神风貌特
征，中国传统图案中具有吉祥

图5-54　中国传统纹样与西方传统图案设计

的寓意、积极向上以及对自然的热爱、敬畏与崇拜，形成独具特色的民族图案审美。

（六）按时代分类

按时代分类可分为古代图案和现代图案。我国古代图案指夏朝至清朝时期的图案，西
方古代图案是指阶级社会建立至文艺复兴前时期的图案。现代图案是指20世纪至今的各种图
案，如时代的美学变化，从写实到抽象，以及美术运动带动的立体主义、抽象派、现代主义
和后现代主义等图案风格变化。

（七）按素材分类

按素材分类，可分为人物、植物、动物、建筑、几何、文字等图案。素材的具体对象涵
盖非常广，大至宇宙星河，微至细胞单体，均可被挖掘使用。

三、 服饰中图案的设计方法

服饰图案是设计师对社会和自然等素材搜集，并分析、整理和组合，通过特定设计方法
进行服饰图案的设计创造。

（一）提炼

提炼也称为简化，是一种提高纯度的方法。设计师需要对复杂的物象形态进行简化提
取，保留物象的重要特征属性，舍去非属性细节（图5-55）。例如，外形提炼，强化外形轮
廓特征；线面归纳概括，通过线与面的组合提取，呈现剪影或光影效果的线面组合。

（二）夸张

夸张是为了增强表现效果，突出、强化和夸大其物象的特征，使物象更具生动性和艺术性。夸张的方法有局部夸张、整体夸张、动态夸张和抽象夸张等。

局部夸张是选取物象部分进行强化效果；整体夸张是强化整体形象，弱化其中细节局部；动态夸张可分为内力和外力，内力动态如豹的飞奔动态，外力动态如风吹叶子摆动的状态，其都是为了表现律动感；抽象夸张是把精细的物象简化成线、面或简约几何形态（图5-56）。

图5-55 提炼的手法

图5-56 图案夸张的手法设计

（三）添加

添加是根据图案的造型风格需求，为增加图案的装饰性，适当添加具有装饰效果的工艺或具有肌理感面料效果。添加的方法有三类：

1.肌理性纹饰

根据自然物的肌理形态，进行变化和添加。例如，可以仿照山的外形和梯田线条变化排列填充肌理效果；或是树干上的树皮纹理，同样具有丰富的肌理效果（图5-57）。

图5-57 肌理性纹饰

2.联想性纹饰

联想是把事物相关的元素进行组合，可以是属性相似、环境相近、习性相似。例如，提到海洋会联想帆船、虾蟹部落等（图5-58）。

3.传统民间纹样

本土文化的风格设计，可以充分利用我国传统民间纹样，结合现代审美进行美化，使图案更具潮流性、艺术性和趣味性（图5-59）。

图5-58　联想性纹饰

图5-59　传统民间纹样

（四）抽象

抽象是利用几何变形手法，对物体进行简化，通过线条或块面提炼图案造型，其效果受文化或潮流风格影响，表现当下时期的抽象风格（图5-60）。

图5-60　抽象图案

四、图案的表现形式

（一）面料图案形式

采用现有面料图案进行款式设计，是最为常见的手法。面料图案丰富多样，需根据品牌风格、客户人群、地域、时代、着装场景挑选合适的图案风格。

（二）印花形式表现

印花形式的图案，是采用印制工艺对面料增加和美化效果（图5-61）。就排列形式可分为平铺版式印花和定位印花，常见有数码印花、丝网印花、转移印花等。定位印花流程一般是面料裁剪，在裁片所需的位置进行印花，裁片最后进行缝合成形。

（三）工艺形式表现

利用工艺形式的表现有刺绣、线迹、编结、包边、抽纱、镂空、抽褶等，工艺制作使图案更具设计细节，提高品牌品质。工艺形式的图案还具有较强的层次感和厚重感（图5-62）。

图5-61　印花形式的图案

图5-62　用工艺形式表现的图案

（四）手绘形式表现

手绘是用画笔和绘制工具，在服装面料上绘制所需的图案，最后高温固色定型。手绘具有较强的艺术表现力，图案造型更为自由变化（图5-63）。

图5-63　手绘形式表现的图案

（五）拼贴形式表现

拼贴是将材料剪切成特定的图案，再缝制于服装中。其具有较高的装饰性，图案具有立体的造型层次效果，拼贴的材料可以是和衣身相一致或者多种不同面料的组合，目的是丰富装饰效果（图5-64）。

图5-64　拼贴形式表现的图案

思考题

1. 尝试设计衣领、门襟、口袋、衣袖、腰节、下摆、腰头、裤腿、裤脚，等局部，设计3种不同新造型。

2. 用类似色、对比色、相对色分别设计2款服装。

3. 图案练习，用提炼的方法，设计一组（4款）款式图案设计。

第六章
设计师品牌系列产品开发

　　通过前期对于产品的调研、企划学习，以及对服装设计基础的认识，设计师应该有一个初步清晰的思路，在品牌风格基调下，结合主题、品类、色彩、面料等的规划，进行后续的产品系列设计。

　　产品是服装品牌的灵魂，其展示的是品牌风貌与调性，全面完整的系列服装产品能吸引消费者试穿体验提升购买率，在销售上还能增加单品的连带销售。随着国内设计水平的不断发展，对设计师的设计能力要求也逐步提升，设计师需要有敏锐的流行趋势触觉、及时认识与了解产业新技术以及服装行业的发展形势。

第一节　系列产品开发的基础

一、系列产品开发的概念

　　系列，"系"是指系统、联系，"列"是指行列、排列，其相互联系，又相互制约形成多款组合服装。

　　系列产品开发是指在设计开发中，运用具有相同的一个或一组元素进行组合运用，系列产品在整体呈现中具有一定关联度，且服装数量在3套以上，构成一定的连贯性。服装产品设计元素可通过主题、风格、款式、色彩、工艺、面料、图案及配饰等多方面进行综合设计运用。在设计开发中，可选择部分元素进行运用，如可以主要通过面料与色彩、面料与图案、工艺与图案等进行设计（图6-1）。

图6-1　系列服装产品

二、系列产品开发的意义

　　系列产品开发在现代消费文化环境中，可以建立属于服装品牌的风格化语言，消费者可以清楚了解并深刻体验服装品牌的风格特点。在一般个体零售店或批发市场中的服装，更多是呈现单品特征，销售展示热卖的单品，各单品设计让人感觉杂乱无章且不成系列，与品牌的套系产品相比，系列感稍弱。

　　而品牌在产品开发中，常以产品系列形式推出，设计师在季度主题中展示品牌风格和设计理念。品牌系列产品通过视觉广告、秀场、店铺终端进行陈列展示，以具有相似符号元素通过有节奏地强化、调和与变化，加深观者的视觉印象。例如，服装发布会上，品牌系列服装的元素会以夸张、强化、多频率的设计方式表达主题系列，观者能清晰、深刻感受这一季品牌的主题系列风格。

三、系列产品开发的原则

　　系列服装产品应当是层次分明、主题突出、款式统一又兼具有序的、丰富的变化。设计师在进行系列设计应当遵循以下三大原则。

（一）统一性

　　系列设计的前提必须具有统一性。通过一种或几种共同元素，延伸贯穿整个系列设计中，使系列统一、完整。一些小企业，停留在追逐市场流行什么就设计什么，虽然大致风格相似，但具体单品的元素设计各有不同，在季度产品中呈现无秩序、不统一，给人感觉是碎片化的单品，不能称其为合格的系列设计。简而言之，想要统一中具有变化，需用相同元素在系列服装中多频率地以不同方式进行强调（图6-2）。

（二）主题突出

　　主题突出是强调设计中最具代表性的设计元素。这个设计元素可以是一种图案、一种色彩、一种工艺或面料搭配等，通过多款服装同步运用，强化视觉效果，突出主题特点并吸引消费者。系列服装中每一款服装可按不同比率运用主题元素，深

图6-2　系列设计的统一性

化主题。假设在系列服装中，其中40%以上款式没有运用该主题元素，这一系列的套系感就显得很微弱。

（三）层次分明

系列服装在完成主题的统一性之后，效果若似显得一般，可能是由于在层次感上较为平淡。尤其初期学习阶段，设计者对元素的运用方法较为单一和片面。

层次分明要求系列款式设计过程中注重主次，品牌系列服装一般分为形象产品、主打产品和基础产品。形象产品就是把主题元素风格强化，设计也最为夸张大胆，视觉效果最为强烈，凸显系列主题风格，但一般数量占比较低，此类服装一般作为形象宣传等吸引消费者。主打产品是品牌最完整、最精彩的产品，是品牌系列重点打造的产品。基础产品款式较为简洁基础，可以是每一季都有的基础款，无过多主题元素符号。

四、系列产品开发的切入点

具有丰富想象力的设计师会提出多种创新的设计思维，这需要设计师不断训练、提升自身对系列开发的水平，思考素材的组织和落地，合理有效地找准切入点，以锁链式和递进式思维、发散思维和动态思维、顺向思维和逆向思维等方法进行交叉、结合，最后完成设计。

（一）命题式切入

在产品系列开发中，设计师会设定一个或多个主题进行命题设计，服装款式则根据主题进行系列拓展，这类命题发挥空间较大，在把握品牌风格基调下选择特定主题进行联想，利用发散思维和跳跃性的创意火花展开设计思路，并结合产品规划、流行元素、制作成本等理性条件约束，收敛创意思维通道，合理推导系列设计结果。

（二）热点式切入

伴随信息化时代的影响，流行趋势下的热点信息成为时尚所追逐的其中一个重要方向。品牌在前期调研以及研发中期，把握市场热点进行系列开发，过去一般是快时尚品牌的设计主要切入点，现在众多传统时尚品牌也把这一设计切入点融入系列开发中。通过热点信息，结合品牌风格、款式、细节、色彩、结构、工艺、图案以及配饰等组合方式，提升并丰富设计思维。

（三）延续式切入

　　品牌风格的延续也是系列设计开发考虑的因素之一。深刻理解并把握风格的经典造型，在系列设计中延用经典要素，结合流行趋势进行穿插融合。在整体系列设计中，款式单品之间、系列之间寻求品牌经典风格特征的保留和延续。以迪奥品牌为例，新风貌（New Look）款式是品牌的经典造型，也是品牌的主要风格符号，X型的收腰要素，腰线到臀线位结构微微外扩，线条如花蕾圆弧包裹的造型，这些经典要素贯穿品牌一直以来的系列产品中（图6-3）。

1947年

1989年

2008年

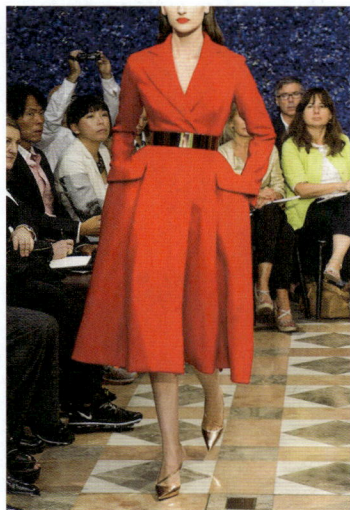
2012年

2017年

2020年

图6-3　不同时期Dior的新风貌设计

第二节 系列产品开发的设计方法

想要展开系列设计，就要思考用什么样的方法，从什么角色去思考展开设计。在系列设计过程中，可以分为三大方面进行分类：造型因素，指服装款式的廓型、结构、细部、工艺等因素；非造型因素，指面料、色彩、图案、辅料等元素；配饰因素，指系列造型中最后需要搭配的配件元素。

一、造型因素

（一）廓型系列法

廓型是指服装的外轮廓。在丰富的款式变化中，利用廓型锁定外部线条造型，以统一的廓型特征形成系列设计。通过相同廓型展开设计，可以快速整体展示系列服装效果（图6-4）。

服装廓型的表现表示法有许多种，最常使用的是字母型和物态型。字母型包括A型、X型、H型、T型、Y型、O型等；喇叭花型、吊钟型、花冠型等都是利用物体形态进行命名。

（二）结构系列法

结构是指服装各个组成部分的构成方式。衣服的各个不同衣块部件构成的关系不同，形成服装丰富的样式差别。

图6-4　廓型系列法

结构系列设计包含三方面因素：理性功能结构、生产规范结构、个性审美结构。

1.理性功能结构

结构设计需要理性地设计服装功能结构，基于人体的动态与静态特征，运用省缝、结构线、分割线等结构要素设计具有合体、舒适、便于活动的功能性服装。

2.生产规范结构

服装制作是通过裁剪、缝制、整烫等加工流程完成系列生产活动，生产规范结构有利于提高生产效率，保证制作质量。

3.个性审美结构

现代文化的多样性和科学技术的发展，使得服装结构设计也呈现更具个性化和丰富多样的形式，标榜个性化的独立设计风格推动着时尚多元化的发展。新材料与制作技术发展也为设计师的个性设计提供可能（图6-5）。

图6-5 艾里斯·范·荷本2020年春夏作品

（三）细部系列法

细部系列法是指采用服装中某些细节作为联系性要素，统一系列设计中的多款服装。把服装部件拆分成各个细部，大致划分为衣领、袖子、衣袋、门襟等部件。常见的设计手法有：相同细部，通过细节的大小、薄厚、颜色进行转换（图6-6）；利用细部元素在服装款式不同部位进行排列设计。两种方法都是为了突出细部元素作为系列特征。

图6-6 细部系列法

（四）工艺系列法

工艺系列法是采用服装制作工艺特色贯穿于系列设计当中，工艺特色包括分割、缠绕、穿插、刺绣、打褶、饰边、镂空、编织、印染、缉线、装饰线、结构线等。在系列款式设计中一般会多次反复运用同一种工艺，增强系列作品的工艺变化手法（图6-7）。

（五）系列推移法

系列推移法有延伸推移法、包容法、变形转移法，即产品系列通过结构、关键部件以及局部细节作为系列元素的关联性元素统构系列中多款服装设计。

1.延伸推移法

从所设计的一套服装基础上，进行思维延续和伸展，服装元素以纵向或横向展开推移。

图6-7　工艺系列法

在延伸推移法中，保留关键元素，系列服装推移过程中保持一定程度的延续。图6-8中，上衣采用纵向延伸推移设计，图6-9中，服装运用纵向和横向的综合推移，腰部皱褶向上衣和裤装转移，皱褶量不断增加，并采用叠加的层次效果。

2.包容法

包容的字面意思是包容、容纳的意思。系列设计中的包容法是指一个构造体系包含另一个构造体系的全部或部分。构造体系是服装造型，后续的款式设计延伸上一款的整体效果，但局部结构变化设计，廓型中可不变或基于上一款基础变化。图6-10中，服装下半身保持H廓型，上半身用线性结构以不同的穿插形式缠绕在胸肩部位。

图6-8　纵向延伸推移

图6-9　纵向+横向延伸推移

图6-10　包容法

3.变形转移法

　　以一款基本款式作为起始，后续的款式设计进行整体或局部的具有规律性走向变形，形成系列服装。如图6-11所示，上衣褶裥量的变化，令服装轮廓造型有逐渐外展的效果。

图6-11　变形转移法

二、非造型因素

（一）面料系列法

　　面料是服装的基本材料，也是其物质载体。面料系列法在遵循主题风格中，运用面料对服装款式的多次组合设计运用，以强调面料风格特点。面料系列设计需注意以下三个要素。

1.风格统一

　　面料风格要符合品牌整体风格、品牌季度产品企划、主题风格和季度特点。在系列设计中，多款面料的搭配需考虑主次分明、层次强弱。风格的统一是系列服装采用一两种或者三四种相似风格面料组合设计，如设计具有未来科技感的风格，在面料选用上则倾向于具有涂层质感的织物或光亮质感的缎面织物，或是具有挺括感的织物（如麦尔登、皮革、空气棉等）。

2.生产成本

系列设计中面料品种不宜过多。以生产成本角度考虑，同一面料的多款式设计运用是为了提升面料的消化率。以季度产品系列开发中的外套为例，如一款短款外套运用了千鸟格呢，在系列当中，会考虑中长款外套、连衣裙、半裙等品类也采用同款面料，提高面料的使用率。

3.面料肌理的统一与变化

品牌系列款式设计中，多种面料的组合运用需考虑风格的统一。在品牌季度系列中往往包含几种到十几种不同面料，设计师需要将不同面料组合一起时转化成统一的风格语言。不同面料呈现不同的情绪，真丝轻柔、高贵，雪纺、欧根纱轻飘、浪漫，麻料天然、朴素，毛料狂野、温暖。不同织造肌理也会有情绪的差异，设计师要根据不同特性综合搭配塑造产品系列。

面料的变化对比也需要在统一风格的基调下进行差异性对比，当款式设计需要强烈的面料肌理风格和特征时，设计款式造型和色彩则不会太突出。当款式造型感强烈时，面料肌理则表现低调内敛。

（二）色彩系列法

色彩系列法是利用色彩元素融入系列服装的设计方法。色彩的风格需遵循品牌风格或主题风格基调，通过主色、搭配色和点缀色，按色彩比重进行运用、设计。在系列设计中，既可以是单色，也可以是多色组合贯穿系列之中。相似廓型与结构款式，在色彩上常采用色彩的组渐变、重复、相似进行强调变化。

不管是单款服装还是系列服装色彩的组合，主要有以下三种形式。

1.单色构成

单色构成是指单件或单套服装采用单纯、简洁的色彩，多款数量均采用单色运用。单色构成不存在搭配问题，只需考虑选择哪种色彩，一般会受流行色、品牌色彩基调、品牌消费人群习惯的影响（图6-12、图6-13）。

2.双色组合

双色组合是指单件成衣由两种颜色组合构成，或单款成衣由上衣与下装等不同单品两种色彩组合搭配。单件成衣的双色组合一般由主色和配色构成，主色面积明显大于配色面积，主色引导款式色彩倾向，配色作点缀作用（图6-14）。

图6-12 运用流行色

图6-13 运用品牌色彩基调

图6-14 双色组合

3.渐变色组合

渐变色组合是指单件成衣色彩采取挂染渐变的配色手法，系列服装中色彩浓度呈现逐渐递增或递减的变化过程。图6-15中在整体系列中有黄白色的渐变，第一款从全白色至第五款全黄色。

图6-15　渐变色组合

4.多色组合

多色组合是指单件成衣由三种或三种以上的色彩组合构成。色彩搭配以一个主色搭配两个或两个以上的配色，构成颜色层次设计活跃、层次律动的效果。整套款式搭配，需注意色块的占比，以及主次颜色的搭配性（图6-16）。

（三）图案系列法

图案系列法是以设计主题为中心，根据相关款式和色彩设计图案样式，图案元素在系列服装中起到强化、点缀、修饰的设计方法。图案系列设计主要通过图案元素的变化应用直观地呈现当季所做的主题特点。

服饰图案是服装及配件上具有一定图案排列规律，经过人为主观设计、变化而形成具有规律性、定型化的装饰图形和纹样。图案可以作为单独纹样，经过深思熟虑设计在服装局部确定的位置上，或是设计整体裁片相适应的整体循环图案。

图6-16　多色组合

1.图案系列设计原则

（1）风格的统一与变化。明确系列主题的风格，提取图案元素进行风格化设计，如设计重点在款式造型和色彩上，系列图案的变化不会太强烈。若设计重点在图案中，图案的变化可以丰富一些；如图案的位置、大小和层次组合都可以自由变换贯穿一个系列中（图6-17）。

图6-17　图案在衣身的布局和图案从写实到线条的转换

（2）工艺的统一与变化。在品牌开发生产规划中，尽量以相同工艺或集中两三种工艺将图案应用于系列设计中，避免工艺的杂乱、不系统，也可以尽量控制、降低生产成本（图6-18）。

图6-18　工艺图案的统一和变化

2.品牌视觉符号设计

品牌产品开发中，视觉图案的传达除了表现当季主题图案，品牌视觉系统也常被融入系列中。

品牌视觉符号包括品牌标志和品牌核心图案。品牌标志是指品牌通过一定图案、颜色设计组合，传达品牌认知、品牌联想和品质。品牌核心图案是一种标志品牌精神文化的图案，传达品牌风格和形象，提高消费者的吸引度和增强忠诚度（图6-19）。

图6-19　品牌符号设计运用

（四）辅料系列法

辅料系列法是利用辅料的统一来协调主题系列的设计方法。辅料指面料以外的起连接、装饰等功能的辅助材料，如里料、衬料、垫料、填料、缝纫线、紧扣材料、包装材料。

个别主题风格设计中，需辅料强化和装饰风格时，辅料的统一设计就需着重考虑。图6-20中用缝纫线作假缝的装饰设计元素贯穿系列中。

图6-20　假缝装饰元素

三、 配饰因素

在最后的设计搭配中，再次强化整体造型和品牌主题风格的一致性，配饰在此也发挥着重要的搭配作用（图6-21）。

服饰配件包括帽子、首饰、挂件、包袋、腰带、鞋袜等，在搭配服装造型中有着重要影响。配件的设计也要根据主题和季度考虑设计效果，与服装的材料、色彩与图案匹配设计，保持系列风格的统一性。如果服装本身设计感较为简洁时，设计感强的配件可以增强并点缀服装造型。

图6-21　配件因素的设计

第三节　设计筛选及总结

当系列设计的主题风格确定后，设计师将展开具体的系列设计。设计是不断调整、完善的过程，开发流程中也需通过不断筛选调整，力求产品系列呈现出最完善的设计与搭配。

一、设计的筛选

设计的筛选是为了挑选符合品牌消费对象喜爱并符合穿着需求的系列产品。从感性角度出发，筛选更贴合品牌风格美感的系列设计产品；从理性角度出发，筛选具有市场销售力的系列设计产品，设计师需兼顾两者进行考虑。

为确保产品开发的系列品质，在开发过程中，设计师每周应与设计总监评议产品，及时应对开发过程遇到的问题并作出调整。品牌在阶段性产品评议审核时，还应同商品部、生产部根据季度产品规划对设计系列产品进行评议和筛选。阶段筛选主要划分为三个阶段。

（一）设计图稿的筛选

品牌系列设计中，涉及多个品类款式和数量的服装，设计师在主题系列中对筛选出来的设计图进行品类款式的搭配，以保证系列中款式的搭配组合性。例如，一组男装冬季主题系列中，卫衣、毛衫、风衣、夹克、羽绒服、休闲裤等品类款式的组合，除了设计美感上的搭配，还要考虑季节（如初冬、中冬、深冬）的变化、面料的厚度、款式的长度、结构等进行适度调整，细化到冬季的毛衣有半高领、高领等结构的款式，设计师需检查设计图中是否重复或缺漏款式类别。

服装品牌的产品会以波段陆续推出市场，品牌对波段的产品规划显得尤为重要，每一波段的产品款式设计数量、色系和实际数量，以及系列中的形象产品、主推产品、基础产品，都指引着设计的筛选与调整。设计部各个设计师根据自身负责的不同波段的系列产品进行设计绘图，图稿阶段后期再进行筛选制作样衣的设计图。

设计师的图稿设计流程分以下三步。

1.草图绘制

服装草图是确认设计图之前的手稿图（图6-22），根据主题、风格和创意表达，像速写一样快速记录服装款式、色彩并标注面料。此时的线条一般略显奔放、生动，设计师根据产品企划中的主题，将设计构想落实在纸面上，然后挑选

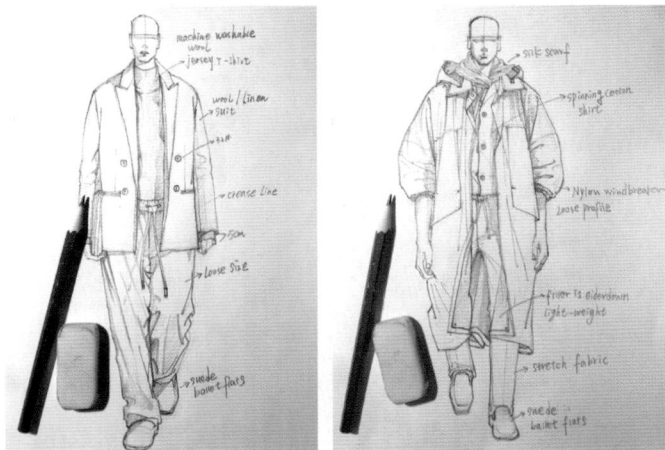

图6-22　设计草图

自己满意的设计草图，进行系列设计图完善。

2.系列设计图

服装设计图的表现手法有效果图、款式图和时装插画等，风格与技法和表现方式各有不同，但最终都是为了表达服装本身。

设计多件服装并形成系列，需结合前期企划中对服装品类的规划，突出设计风格和品牌形象，以重复、强调、变化等细节强化系列视觉感染力。

系列设计图需注意服装波段款式规划和形象、主推、基础款等产品，还需清晰单品以及单品间搭配的逻辑关系，注意季节的变化、服装的分割协调、面料质感、色彩搭配、配饰组合等（图6-23）。

图6-23 系列设计效果图

系列设计图稿完成后，需要通过设计总监、企划部、市场总监、生产部等一同进行评审，筛选可通过的设计款式方案，未通过的则要重新设计、修改和补充。

（二）设计样衣的筛选

设计师把工艺样板图交给打板师，打板师根据款式细节要求样衣制作。样衣制作采用正式面料缝制完成，若样衣成品不符合设计师的要求，则需复板修改，直到确认通过。

对于一个中型品牌公司而言，春夏季度系列有80~160款，秋冬季系列有100~200款。而在实际设计开发过程中，开发设计总数会比计划数超出15%~30%，这是为了在挑选审核时筛选最为合适的款式，成为最终订货会的产品。

季度整盘样衣完成后，品牌的设计总监、企划部、市场总监、生产部参与观摩系列产品的成衣展搭配展示，提出评议与筛选，商品部根据初期产品规划和过往品牌销售数据分析，并结合品牌顾客消费习惯提出建议，综合挑选最终进入订货会的产品。

（三）订货会的筛选

服装品牌订货会企业邀请代理商、经销商和加盟商集中参与订货，品牌会通过动态走秀和静态陈列进行展示，配合设计师讲解和导购引导的方式，辅助经销商和加盟商合理订货，品牌最终会根据订货量进行生产制订和销售。

订货会是检验设计成果的关键环节。订货会的下单过程是一个筛选系列款式产品的过程，代理商、经销商和加盟商以及卖场销售对顾客心理及需求非常了解，他们以理性的数据挑选新季度适合市场的款式产品并提出评价意见。

二、 设计总结

品牌的产品系列开发中，设计的创新不只是天马行空的创意思维，还需根据市场因素理性规划、制订落实并设计符合品牌风格、受市场追捧的产品。一个好的设计师需要明确设计思路和设计方法，并且在产品开发过程中能保持与他人的顺畅交流，保证设计开发的顺利进行。

服装产品设计具有商品性、功能性和时效性三方面属性。商品性：服装产品设计在市场被消费者挑选购买，最终的决定权在顾客手中。功能性：产品要有服装的使用性，保证产品品质，凸显设计功能。时效性：时尚服装是具有强烈的时效性，在特定时间范围内设计大众喜欢的潮流热点，追赶不上则会导致产品滞销。

作为服装设计师，首先要时刻保持一颗好奇心和对新兴潮流趋势有敏锐的触角；其次是要不断提升自己的专业素质，如对美学的感悟、了解面料的性能、工艺的处理、工作流程的协调力；最后，当下的信息技术如洪流般快速前进，对人才技能的需求不再像过去的传统标准，如新媒体、网络直播、跨界合作，都是设计师需要接触学习的方面，努力成为新时代的"复合型人才"。设计师需要有个人风格，但在设计成长道路上要有向行业前辈学习的谦虚心态。设计是不断修改、不断完善，直至达到尽善尽美的过程，设计师需要有一定坚韧的意志力。

思考题

尝试设计两个女装主题系列（每个系列6~10款）。

第七章
设计师品牌运作

第一节 设计师品牌价格概述

设计师品牌较为小众，消费者除对产品的款式和品质有高要求之外，同时也会关注产品价格。价格是体现产品竞争力的关键点，也是消费者选择产品的重要指标。在服装市场中，价格代表着品牌在市场中所处的地位。定价成了商家与消费者之间最大的联系。

服饰商品定价最基本的参考因素就是市场定位，通过外部环境与行业，一系列市场调研以及企业内部资源整合，最终确定品牌的方向，也就是确定企业真正的目标消费群体，其消费能力指数与竞争市场状态作为基础参考依据。品牌在战略规划时同样要考虑到渠道、商品技术品质、促销与价格的关联性，充分掌握价格在品牌运营策略中所占的比重，因为以商品价格作为品牌的基本战略优势与以设计技术作为品牌的基本战略优势，在商品定价时会有不同的需求。

一、价格定位

价格定位（Price Position）就是依据产品的价格特征，把产品价格确定在某一区域，在顾客心中建立一种价格类别的形象，通过顾客对价格所留下的深刻印象，使产品在顾客的心目中占据一个较显著的位置。

价格定位是与产品定位紧密相连的。所谓价格定位，就是营销者把产品、服务的价格定在一个什么样的水平上，这个水平是与竞争者相比较而言的。价格定位一般有三种情况：一是高价定位，即把不低于竞争者产品质量水平的产品价格定在竞争者产品价格之上，这种定位一般都是借助良好的品牌优势、质量优势和售后服务优势；二是低价定位，即把产品价格定得远远低于竞争者价格，这种定位的产品质量和售后服务并非都不如竞争者，有的可能比竞争者更好，而之所以能采用低价，是由于该企业要么具有绝对的低成本优势，要么是企业形象好、产品销量大，要么是出于抑制竞争对手、树立品牌形象等战略性考虑；三是市场平均价格定位，即把价格定在市场同类产品的平均水平上。

企业的价格定位并不是一成不变的，在不同的营销环境下，在产品的生命周期的不同阶段上，在企业发展的不同历史阶段，价格定位可以相对灵活变化。

产品价格定位策略盘点：

（1）特质定位：公司以某些特质自我定位。

（2）使用/应用定位：以产品在某些应用上是更佳产品来定位。

（3）利益定位：指根据产品所能满足的需求或提供的利益、解决问题的程度来定位。

（4）竞争者定位：暗示自己的产品比竞争者优异或与竞争者有所不同。

（5）使用者定位：用目标使用群来为产品定位。

（6）类别定位：公司可将自己形容为该产业类别的领导者。

（7）品质/价格定位：把产品定位于某一品质与价格。

价格定位的目标在于兼顾发展商的利益及市场消费能力。价格过低会损害发展商的开发利益；价格过高会造成有价无市，局面则会更加被动。因此，合理确定价格至关重要。

二、品牌价格的构成

设计师品牌不同于其他成衣品牌的价格定位。其所面对的消费者群体是与众不同的，消费者希望自己所购买的产品是独一无二的，是可以体现个人品位和生活特征的，所以产品的品质和价格是成正比的。设计师品牌具有独特性，产品产量小、款式多，产品本身的成本就要比普通成衣高出很多。

（一）生产成本和费用

服装的生产成本主要包括原材料费用（面料、辅料、缝纫线、纽扣、拉链等），包装材料费（胶带、纸盒、纸箱等）、人工费用、间接费用、管理费用、财务费用和销售费用。高级定制产品还包括市场调查所产生的费用和产品设计费、定制服务费等。

（二）经营费用

经营费用是指商品在整个经营过程中所发生的各种费用，包括店铺租金、运输成本、装卸费用、包装费用、商品损耗等一系列费用。

（三）管理费用

管理费用是商品流通过程中，管理部门对商品进行流通管理和组织经营过程中所产生的一系列费用，包括注册费、维修费、坏账准备金等。

（四）财务费用

财务费用是品牌为筹集自己而发生的各项费用，包括利息支出、金融手续费等，而利息支出可能占整个财务费用比较大的部分。

（五）商业利润

商业利润是每个品牌所追求的目标之一，品牌知名度和产品品质是利润大小的关键所在。越是知名度高的设计师，其产品利润也越好。这也是品牌市场占有率的体现。

（六）税金

计入商品价格的税金属于价内转嫁税，如消费税、关税、资源税、营业税等，这些税金直接计入产品价格，大家通常说的增值税则属于价外税，但是最终还是由消费者承担。

三、价格目标

品牌发展的目标很多时候是从几个决策中反映出来的，所以什么样的价格目标也体现出品牌长期发展的目标。具体的价格目标包括以下几个方面。

（一）生存目标

在一个市场环境当中，从来都不缺乏竞争者，激烈的竞争会让品牌发展面临很多问题，品牌首先要面对的就是优胜劣汰，如何让品牌在竞争中存活下来，这是发展的根本。生存目标在品牌竞争中远比利润目标要关键。不管是品牌还是企业，在发展的历程中总会遇到一些困难。作为小众的设计师品牌更是困难重重，只能在仅有的市场范围内考虑自身的价格目标维持品牌的生存发展。

（二）利润最大化目标

盈利是每个品牌的最终目的。在这一思想的指导下，品牌通过对产品成本的测算，核对市场需求的调研后，会确定一个价格水平，以此来保证此时品牌的利润最大化。与此同时，市场的同质化产品多，随时面临被仿制和被淘汰的风险，为了能在短时间内收回成本、获取利润，需要把利润最大化做到合适范围，所以这一目标也是所有品牌在定价时关注的。

（三）市场占有率目标

品牌需要长期发展，所以都会制订发展战略，如何让企业在市场竞争当中稳定发展，市场占有率是很重要的参考指标。提高市场占有率为品牌长远发展提供了很大的竞争力，它可以降低成本，提高品牌产品的声誉，对品牌文化的深入人心做出很大贡献，同时也把品牌综合实力提到一个高度。这跟消费者需求有很大关系，品牌需要了解消费者的心理需求，针对设计师品牌的独特性对症下药，这样才能稳定顾客群体。

（四）产品品质目标

设计师品牌作为独特产品的代言人，在制定价格的时候也需要考虑到我们的产品品质。对于消费者来说，愿意选择设计师品牌说明他们对于产品本身有很高的要求，所以在追求品质的同时，我们在价格上也要体现品质所对应的价格，这会让消费者从心理上得到认可。从品牌角度来看，保证品质的同时，成本会有不同程度的上升，这也促使品牌在定价时考虑整体规划，需要在定价上考虑品质保障的部分。

（五）竞争目标

品牌在制订商品价格的时候也会考虑到竞争对手的情况，如何削弱竞争对手的实力，价格给了很大的竞争空间。价格竞争从来都是相互比较的要素之一，所以当品牌做到市场竞争力很强大的时候，价格竞争对其来说依旧是可以保证盈利的。

（六）消费者满意度目标

现代市场营销学当中一直强调消费者满意度，这个满意度不只是产品品质和服务，同时来自多方面的表现，价格满意度也是很重要的指标。消费者对每一件产品都有他的心理价位区间。我们在定价时考虑消费者的心理和实际的经济实力，才能找到让消费者真正产生购买行为的关键点。

四、影响服装设计师品牌价格的因素

（一）服装材料

服装原材料是服装成本中最显而易见的部分之一，在款式相同、原材料不同的情况下，其价格也会有很明显的差异。作为设计师品牌，原材料是保障品质的第一步，设计师往往会考虑产品整体效果，选择一些质感比较好的材料，这就会促使原材料的价格和普通成衣相比有略微上升。

（二）服装质量

作为消费者，大家比较关心的是产品的质量是否过关。随着生活质量的不断提升，人们对于产品质量的要求也在不断更新。款式的独特性加上优良的品质，才能在市场当中赢得好的口碑。所以，品牌非常重视保证自己产品的品质，好的品质是维持竞争力的有力手段，但是好的品质也需要高的成本，所以品质的好坏在大众心目当中就是"一分价钱一分货"。

（三）服装产量

企业在生产产品时的费用有固定的也有不固定的，如果生产规模大，固定的费用会随着增大的产量而分摊到每一件货品上。但设计师品牌本就是小众的，所以他的产量一般都是有限的，这就促使产品的成本上升，这也是设计师品牌和普通的成衣品牌差异最为明显的地方。

（四）市场需求

在正常的市场环境下，成本应是定价的最低经济界限，是决定价格的基本因素。在市场竞争中，成本较低在价格决定方面往往具有较大的主动性，易于保持竞争优势，并能得到预期的利润回报。

（五）品牌知名度

近几年，国内服装市场都开始从生产型企业转型为品牌型企业，企业越来越重视打造自己的企业文化和铸造知名品牌的意识，这说明名牌的概念已经开始深入人心。人们除了崇拜国际知名品牌，也开始关注国内的知名设计师，以及他们旗下的工作室或者品牌出品，服装穿着不再人云亦云，有自己的认识和体验，也会寻求专业人士的指导，设计师品牌也逐渐受到大众的青睐。但是，现在的设计师市场也有参差不齐的现象，有刚开始创业的年轻设计师，有海外经验的留学设计师，也有中国顶级的获奖设计师，不同程度的设计师会因为其知名度不同而出现极大的价格差异。

（六）外部环境

服装作为生活必需品，其在整个社会当中都有着举足轻重的地位，作为社会发展中的一部分，它的变化和社会变化息息相关，大环境的影响使得服装也随之改变。影响服装的价格环境因素包括以下几个方面。

1.经济因素

经济因素是指影响企业营销活动的一个国家或地区的宏观经济状况，主要包括经济发展状况、经济结构、居民收入、消费者结构等方面的情况。

现阶段我国是服装生产大国和消费大国，服装产业开始进入电商时代的新阶段，服装产业开始转型，基于我国发展的基本国情，服装行业进行了改变。以前中国能在国际上展现的自主服装品牌特别少，主要给国外的品牌提供加工服务，但现在服装行业吸纳了国际上优秀的设计人才且结合中国特色，展现了像中国李宁、盖娅传说等优秀的服装品牌，并且广受外国市场的欢迎。

首先，经济环境变化和全球通胀将会对服装行业产生重大影响。根据国家统计局的最新数据，第四季度的CPI和PPI增速持续放缓，但未来的通胀水平有待观察。因此，服装企业应该采取恰当的策略，充分利用当前低通胀下的市场空间，以确保历史最低的成本实现生产扩张或调整。

其次，未来市场环境将处于急剧变化之中。未来数字化营销和移动零售将是引爆行业发展的突破口。如今，移动社交和移动支付技术的快速发展为消费者提供了更多的便捷服务，也为服装企业零售提供了新的机会和挑战。未来，服装企业可以更好地利用大数据和人工智能技术来实现实时的营销和客户服务。此外，未来的消费行为也可能发生变化。在智能家居、物联网技术的兴起下，青年消费者一起崭露头角，更加倾向于多元、个性化消费。他们更愿意购买个性化、贴近自身生活理念的商品，未来服装企业需要从多元化和个性化的角度来对服装设计和销售策略进行优化。

最后，社会环境的变化也将影响服装行业的发展。如今，促进绿色环境的认识是当今社会的主要趋势，可持续发展已经成为服装行业的主要发展理念。未来，服装行业需要推出更加环保的服装，力求在促进可持续发展的同时能够满足客户的需求。

总的来说，未来服装行业将涉及多方面的变化，包括经济、市场、消费者和社会等环境。服装企业需要以更谨慎的态度来对待当今的环境，将不断变化的宏观环境与全新的市场环境进行动态管理和把握，以确保其在未来的持续发展和竞争力的保持。

2.流行趋势

美国社会学家布卢默（Herbert Blumer）认为，消费者自己在制造流行的时代，是设计师在适应消费者的需求，现代流行是通过大众的选择实现的。虽然从表面上看，掌握流行领导权的人看似是创造流行式样的设计师和选择流行样式的客商，但实际上他们也都是某一类消费者或某一消费层的代理人。只有消费者的集体选择，才能形成真正意义上的流行。德国社会学家齐美尔从社会互动和服装流行的社会化区分功能的角度来深入揭示服装流行的定义本质。他认为，通过具有外观表现力的服装的流行，社会个别成员可以实现个人同社会整体的适应过程，从而实现其个性的社会化；而社会整体结构的运作，也可以借助于服装的流行作为文化桥梁或催化剂，将个人整合到社会中。也就是说，流行是社会发展的必要过程，所以当下的流行是时代发展的结果，也是消费者在这个时期欣赏的重点，那最关注也就是最愿意付出交换的，也是最容易销售的。

3.销售环境

营业环境是影响消费者情绪的外部因素中的重点，因为商品一经制造进入市场，对消费者的影响模式将是相对稳定的，而营业环境中可控制或随时变化的因素相对较多。营业环境对消费者情绪的影响包括营业环境的物理条件、商品特色、服务人员的表情和态度以及消费者的心理准备。

消费者对于品牌的认识，除广告宣传、传统声望等因素外，大多是从品牌商店的外观开始的。门面会给人一种直观、形象、生动的印象。门面如果富丽堂皇、高雅的话，那么它销售的商品会给人高档、优质的感觉；而如果门面简陋、陈旧，往往会让人感觉产品的质量难以保证。良好的外观、和谐的外在氛围，能引起消费者进去浏览、购物的欲望；而搭配不和谐的外观，则会使消费者没有进去的欲望。购物环境是消费者认识商品、购买决策、选择商品、接受服务人员服务和推销人员劝导的重要场所。消费者进入购物环境前，一般会注意到购物环境的外部特征，进入购物环境后，会观察购物环境的内部情况，浏览他们感兴趣的事物，有购买需要的消费者开始寻找、选择商品。但受购物环境各种因素的影响，消费者心理行为可能改变。有些因素对消费者的影响作用大一些，有些因素的影响作用小一些，有些因素对消费者行为起到积极的促进作用，而有些因素会起消极的阻碍作用。因此，研究购物环境对消费者的影响是营销中不可忽视的问题。

4.竞争环境

竞争环境（Competitive Environment）是指竞争者的数量和类型以及竞争者参与竞争的方式。

竞争环境是企业生存与发展的外部环境，对企业的发展至关重要。竞争环境的变化不断产生威胁，也不断产生机会。对于企业来说，如何检测竞争环境的变化、规避威胁、抓住机会成为重大问题。目前，在中国加快融入国际经济的背景下，中国企业的竞争环境在行业结构、竞争格局、消费者需求、技术发展等都发生了急剧的变化，不确定性增强。任何企业都必须时刻关注环境的变化，才能趋利避害。任何对环境变化的迟钝与疏忽都会对企业造成严重的甚至是决定性的打击。这是催生企业对营销信息管理需求的外部原因。

在任何市场上销售产品，企业都会面临竞争。市场上从事同类商品生产经营的企业，其竞争者包括现实的竞争者和潜在的竞争者；同一市场、同类企业数量的多少，构成了竞争强度的不同。企业调查竞争环境，目的是认识市场状况和市场竞争强度，根据本企业的优势，制订正确的竞争策略。通过竞争环境调查。了解竞争对手优势，取长补短与竞争者在目标市场选择、产品档次、价格、服务策略上有所差别，与竞争对手形成良好的互补经营结构。竞争环境调查，重在认识本企业的市场地位，制订有效策略，取得较高的市场占有率。

5.特殊事件

随着人类社会的发展，突发事件频频发生。特别是进入21世纪以来，突发事件频发，并呈现出新的特点。

2019年底，新型冠状病毒爆发，之后在全世界范围蔓延开来，对世界的经济发展和居民生活产生了巨大的负面影响。在国内外需求疲软、国际环境不确定性增强的大环境下，疫情的爆发加剧了经济下行的压力，给经济发展增添了新的不确定性。

首先，对消费者的影响。疫情的蔓延和各地防疫工作的开展，在一定程度上改变了居民的消费结构，最直接的改变体现在防护用品的开支比重显著增加。在疫情爆发之初，市场上的防疫物品一时间无法满足居民的需要，部分居民在家中囤积了大量的医用防护用品。而服饰鞋帽类、金银珠宝类消费额占比急剧下降。该变化一方面是由于疫情防控期间，实体店铺无法正常营业且居民无法随意出行；另一方面是因为疫情影响了部分消费者的收入水平，导致其在非生活必需品上的消费降低。疫情期间，消费者外出娱乐减少而在家娱乐增多，因此居家娱乐商品的消费数额出现上涨情况。总体来讲，疫情期间消费者消费能力降低，消费需求集中在生活必需品和互联网类产品。

其次，对企业的影响。疫情对于我国各行各业的产业链产生了全面的影响，在疫情管控、人员流动受限的情况下，上游企业的职工到岗率偏低、生产能力下降，造成中下游企业原材料成本上升。企业对于包括购买防疫物品在内的日常消费支出增大，进一步提升了企业的成本。对于传统服装行业，消费者消费能力的下降，导致企业生产规模缩减，对于人力和原材料的需求降低。这一变化会反馈给上游企业，导致上游企业的产品积压和部分员工的失业。

最后，对市场的影响。疫情期间，线下非必需品交易市场受到了极大程度的影响。疫情期间，多数店铺无法正常营业、消费者购买力下降导致其交易额大幅下降。此外，人员交流和信息交流上的不通畅加剧了市场中的信息不对称，扰乱了市场的秩序。互联网技术的发展和疫情的防控要求带动了线上商品市场和线上教育市场的发展，电商平台成为疫情期间最活跃的市场。总体来讲，疫情防控对居民出行的限制严重冲击了线下商品交易市场，但同时促进了电商平台的发展，推动了市场结构的改革。

企业是整个经济的细胞，企业的稳定发展有利于经济的发展。同时，社会和经济的稳定发展给企业提供了一个良好的环境，有利于企业的发展。突发事件的发生会对经济和社会产生影响。由于市场是整个经济和社会的晴雨表，这些影响会迅速传导到服装市场上，进而给企业带来冲击，影响企业在市场的销售。

第二节 设计师品牌定价方法

设计师品牌在确定产品价格主要有以下定价方法。

一、成本导向定价

成本导向定价是企业以产品成本为中心的生产力导向定价思路。其目标是在不亏本的情况下获得尽可能高的利润。通常包括成本加成定价法、边际成本定价法、盈亏平衡定价法（又称保本定价法）和目标利润定价法。缺点在于其仅仅从生产方的角度制订价格，而忽视了市场需求和市场竞争，因此制订的价格可能偏离顾客心理对产品价值的感知，也可能不利于获得企业的竞争优势。

成本加成定价方法即按产品单位成本加上一定比例的利润，定出产品价格。大多数企业是按成本利润率来确定所加利润的大小的。

产品零售价格=单位成本+单位成本×成本利润率=单位成本×（1+成本利润率）

产品出厂价格=单位产品制造成本+单位产品应负担的期间费用+单位销售税金+单位产品销售利润=单位产品制造成本+单位产品销售利润+出厂价格×（期间费用率+销售税率）

完全成本加成定价法是企业以成本导向为基础较常用的定位方法。首先，估计单位产品的变动成本（如直接材料费、直接人工费等）；其次，估计固定费用，按照预期产量分摊到单位产品上去，加上单位变动成本，求出全部成本；最后，在全部成本上加上按目标利润率计算的利润额，即得出价格。

完全成本加成定价法的优点：计算方法简便易行，资料容易取得；根据完全成本定价，能够保证企业所耗费的全部成本得到补偿，并在正常情况下能获得一定的利润；有利于保持价格的稳定，当消费者需求量增大时，按此方法定价，产品价格不会提高，而固定的加成，也使企业获得较稳定的利润；同一行业的各企业如果都采用完全成本加成定价，只要加成比例接近，所制订的价格也将接近，可以减少或避免价格竞争。

但是完全成本加成定价法是典型的生产者导向定价法。现代市场需求瞬息万变，竞争激烈，产品花色、品种日益增多。只有那些以消费者为中心，不断满足消费者需求的产品，才有可能在市场上站住脚。完全成本加成定价法在市场经济中也有其明显的不足之处：忽视了产品需求弹性的变化，不能适应迅速变化的市场要求，缺乏应有的竞争能力；以完全成本作为定价基础缺乏灵活性，在有些情况下容易做出错误的决策；不利于企业降低产品成本。

为了克服完全成本加成定价法的不足，企业可按产品的需求价格弹性的大小来确定成本加成比例。由于成本加成比例确定的恰当与否、价格确定的恰当与否依赖于需求价格弹性估计的准确程度。这就迫使企业必须密切注视市场，只有通过对市场进行大量的调查并详细分析，才能估计出较准确的需求价格弹性来，从而制订出正确的产品价格，增强企业在市场中的竞争能力，增加企业的利润。

二、需求导向定价

需求导向定价法又称顾客导向定价法、市场导向定价法，是企业根据市场需求状况和消费者的不同反映分别确定产品价格的一种定价方式。

需求导向定价法一般是以该产品的历史价格为基础，根据市场需求变化情况，在一定的幅度内变动价格，以致同一商品可以按两种或两种以上价格进行销售。这种差价可以因顾客的购买能力、对产品的需求情况、产生的型号和式样，以及时间、地点等因素而采用不同的形式。例如，以产品式样为基础的差别定价，同一产品因花色款式不同而售价不同，但与改变式样所花费的成本并不成比例；以场所为基础的差别定价，虽然成本相同，但具体地点不同，价格也有差别。

需求导向定价法原则上要求确定消费者对于各种不同的产品感受的价值是多少，然而这很难衡量，而且费时费力。顾客对产品的感受价值主要是通过询问在不同时间、地点及场合的情况下消费者愿意为产品付出的最高价格，也就是通过人员访谈或问卷调查的方式来获取定价信息。

需求导向定价法主要包括认知价值定价法、逆向定价法和需求差异定价法。

（一）认知价值定价法

所谓"认知价值"，是指消费者对某种商品价值的主观评判。认知价值定价法是指企业以消费者对商品价值的认知度为定价依据，运用各种营销策略和手段，影响消费者对商品价值的认知，形成对企业有利的价值观念，再根据商品在消费者心目中的价值来制订价格。

认知价值定价法的关键和难点，是获得消费者对有关商品价值认知的准确资料。企业如果过高估计消费者的认知价值，其价格就可能过高，难以达到应有的销量；反之，若企业低估了消费者的认知价值，其定价就可能低于应有水平，使企业收入减少。因此，企业必须通过广泛的市场调研，了解消费者的需求偏好，根据产品的性能、用途、质量、品牌、服务等要素，判定消费者对商品的认知价值，制订商品的初始价格。然后，在初始价格条件下，预测可能的销量，分析目标成本和销售收入，在比较成本与收入、销量与价格的基础上，确定该定价方案的可行性，并制订最终价格。

（二）逆向定价法

逆向定价法主要不是考虑产品成本，而是重点考虑需求状况。依据消费者能够接受的最终销售价格，逆向推算出中间商的批发价和生产企业的出厂价格。

价格能反映市场需求情况，有利于加强与中间商的良好关系，保证中间商的正常利润，使产品迅速向市场渗透，并可根据市场供求情况及时调整，定价比较灵活。

（三）需求差异定价法

需求差异定价法是指产品价格的确定以需求为依据，首先强调适应消费者需求的不同特性，而将成本补偿只放在次要的地位。

根据需求特性的不同，需求差异定价法通常有以下几种形式：以用户为基础的差别定价；以地点为基础的差别定价；以时间为基础的差别定价；以产品为基础的差别定价；以流转环节为基础的差别定价；以交易条件为基础的差别定价。

三、 竞争导向定价

竞争导向定价是指企业对竞争对手的价格保持密切关注，以对手的价格作为自己产品定价的主要依据。当然，这并不意味着保持一致，而是指企业可以根据对手的价格制订出高于、低于或相同的价格。其优点在于能考虑到产品价格在市场上的竞争力。缺点在于过分关注价格上的竞争，容易忽略其他营销组合可能造成产品差异化的竞争优势；容易引起竞争者报复，导致恶性的降价竞争，使公司毫无利润可言；竞争者价格变化难以被精确估算。

（一）通行价格定价法

通行价格定价法是竞争导向定价法中广为流行的一种。定价是使零售店商品的价格与竞争者商品的平均价格保持一致。这种定价法的目的平均价格水平在人们观念中常被认为是"合理价格"，易为消费者接受；试图与竞争者和平相处，避免激烈竞争产生的风险；一般能为零售店带来合理、适度的盈利。

（二）主动竞争定价法

与通行价格定价法相反，它不是追随竞争者的价格，而是根据零售店商品的实际情况及与竞争对手的商品差异状况来确定价格。一般为富于进取心的零售店所采用。定价时，首先将市场上竞争商品价格与零售店估算价格进行比较，分为高、一致及低三个价格层次；其次，将零售店商品的性能、质量、成本、式样、产量等与竞争零售店进行比较，分析造成价格差异的原因；再次，根据以上综合指标确定零售店商品的特色、优势及市场定位，在此基础上，按定价所要达到的目标，确定商品价格；最后，跟踪竞争商品的价格变化，及时分析原因，相应调整零售店商品价格。

（三）现行价格定价法

现行价格定价法是指公司产品的价格与主要竞争者价格或一般市场价格相当，而不太考虑成本或市场需求状况。采用这种定价法的原因在于产品的需求弹性难以衡量，在保证相当利润的基础上，还可避免因恶性竞争破坏行业的和谐。

（四）投标定价法

投标定价法是大多数通过投标争取业务的公司通常采取的竞争导向定价法。竞标的目的在于争取合同，因此公司考虑的重点是竞争者会报出何种价格，公司制订的价格应比竞争者的低，而不局限于成本或需求状况。当然，公司必须事先确定一个最低的获利标准来投标，价格低于成本将有损利益，价格高于成本虽然增加了利润但不利于中标。

竞争导向定价法的优点是考虑到了产品价格在市场上的竞争力。但同时他也存在缺点：

过分关注在价格上的竞争，容易忽略其他营销组合可能造成产品差异化的竞争优势；容易引起竞争者报复，导致恶性的降价竞争，使公司毫无利润可言；实际上竞争者的价格变化并不能被精确地估算。

第三节 设计师品牌定价策略及服装价格调整

一、定价策略

（一）高价定位策略

高价定位法则是商店的商品价格高于市场平均价格。商店要实行高价定位法则，必须具有高水平的非价格竞争的优势。例如，为顾客提供高水平的服务等，尽管顾客购买同样的商品付出了更高的价格，但是顾客仍会觉得物有所值。

1.从顾客角度进行的高价定位

在商品价格与需求的关系中，存在一种凡勃伦效应，是指价格相对高和与之相联系的社会购买信誉高，从而使商品和服务受到欢迎。许多顾客追求的是自己独占某些奢侈品，所以高价是需求增加的重要原因之一，而削价会导致需求的下降，因为削价意味着有社会声誉的物品的贬值。当顾客去某家商店购买某种商品时，是为了显示与众不同的地位和财富，换句话说，当商店的目标顾客是那些社会阶层比较高的人士时，商店必须高价定位商品。

2.标志商品高品质而进行的高价定位

在商品价格与需求的关系中，还存在一种质价效应，即消费者通常把高价看作优质商品和优质服务的标志，因而在商品价格较高的情况下，也能刺激和提高需求的效应。在许多情况下，许多消费者往往以"一分价钱一分货""好货不便宜，便宜无好货"的观念去判断商品的质量。因此，高价能给人们产生高级商品、优质商品的印象。

3.标志服务高水平而进行的高价定位

如同商品高价位能显示商品高品质一样，高价位同样能显示服务的高水平。对于以高价定位的商店，除了要时刻注视消费者对商品的反应，不断提高商品质量，增加商品功能，创造更新的款式外，还要搞好服务工作，以增强消费者对商品使用的安全感和依赖感。高价位所标志的高水平服务，也能满足一些人的需求，因而也是企业定位的一个空隙。

（二）低价定位策略

低价定位就是用相对于商品质量和服务水平较低的价格，来突出产品与众不同的定位策略。在同一质量和服务水平上，低价位是吸引顾客的有力武器。有时即使质量和服务有一定的差别，只要价格差别远大于质量差别，价格同样具有超越质量和服务的无穷诱惑力。这是因为，市场上存在着一大群普通顾客，他们的购物行为呈理性状态，希望用更低的费用得到同样的满足，或用同样的费用得到更多的满足。尤其是收入不太丰厚的人，对价格的重视远胜于对质量与服务的重视，这时低价无疑对他们具有无法抵挡的吸引力。

相对平价或低价的产品才符合主流市场。因为该市场有着一群普通的顾客，他们的购物行为相对理性。他们希望用更低的价格得到相同品质的产品，或是用同样的价格买到更多的产品。尤其是那些收入不太丰厚的消费者，他们对价格的重视程度远高于对质量的重视程度，低价对他们无疑具有无法抵挡的吸引力。国民收入结构表明，大多数消费者无法承担高价产品。这部分消费者为相对低价的产品提升消费力量。据观察，多数品类的领导品牌属于大众消费产品。中国品牌UR（URBAN REVIVO）就是定位于快时尚领域，主要面向20~40岁的都市白领推出符合本土需求、高性价比的产品。因为消费群体年轻化，对产品的时尚度要求很高，但价格更加亲民，所以销量连续多年都呈现上升趋势。UR以建构全球"快速时尚"领导品牌作为战略目标，致力于将新的时尚观和购物方式带给消费者。UR品牌是都市快节奏、时尚潮流的缩影。它以实惠的价格提供超值的时尚享受，彰显现代年轻人对时尚的品位和追求。

（三）不定位变价策略

大部分季节性产品都是采用这种定价策略。其特点是在不同时间段内采用不同的价格，在产品上市初期，为了短时间内迅速赚取高额的利润，在流行的末期则用比较低廉的价格售出剩余的商品，以此回收资金取得最后的利润。

服饰价格从来不是一成不变的，往往会有不同程度的调整。

（1）服装店引起提价的主要原因：应付成本上涨、通货膨胀、改进服饰、保持竞争能力、竞争策略的需要。

（2）降价的原因与提价一样，也是由多种因素造成的，如市场方面、店铺内部、经济方面，也有社会其他方面等因素。主要包括：服装店的服饰没能及时加强促销，扩大销售，造成了服饰积压；在强大的竞争者压力之下，服装店的市场占有率下降，迫使其降低价格维持和扩大市场份额；服装店的成本费用比竞争者低，可以通过降价来控制市场，或通过削价提高市场占有率，从而扩大销售，获取更多利润；考虑竞争对手的价格策略；需求曲线的弹性；经济形势。

（3）成本上升或下降时，包括原材料成本和人工成本。

（4）市场供求变化时：供不应求价格上调；供大于求价格下调。

（5）有新竞争对手进入时：低端产品价格下调，以便于竞争；高端产品根据实际情况，可上调也可下调。

（6）销售季节变化时：进入销售旺季，产品价格应稍微上调；进入销售淡季，产品价格应稍微下调；节假日产品紧俏或热销，可上调也可下调。

（7）新的技术应用时：老产品价格应下调；应用新技术的新产品价格应上调。

（8）政策或外部环境发生变化时：政府政策会波及企业产品时；国际市场发生变化时；某类事件突发时。

（9）销售策略变化时：为了迅速回笼资金；为了让利经销商、代理商和零售商；为了推出新产品。

（10）地域因素：某一地域特别畅销或者滞销时；某一地域消费群体的经济收入稍高或稍低时；某一地域消费者对本产品已形成嗜好时。

（11）生产和经营原因：生产供不应求时，可以提高产品价格；经营地点或销售渠道无法在短时间内扩大，而消费者需求却增大时，可以考虑提价。

（四）组合定价策略

产品组合定价策略是指处理本企业各种产品之间价格关系的经济策略。它包括系列产品定价策略、互补产品定价策略和成套产品定价策略。

产品组合定价策略有利于各种商品销售量同时增加，是一种很好的增值方法。

据营销促销策略与商品企划将同类别商品分级定价为形象款、主推款、促销款（外套类商品共推出六款，在产品开发设计卖点时可分为一款形象款、三款主推款、二款促销款）。形象款代表品牌风格特点以及未来流行趋势等，在商品定价时可略高于基本倍数；主推款（整季商品面料、设计卖点符合大众目标消费群需求商品）为整盘商品实现销售的主力军，以基本倍数定价；促销款是为了吸引人流或以附加推销为主的商品，可略低于基本倍数定价，甚至可直接定为特价款。分级定价完全是为实现销售推广来做的价格策略，致力于基本倍数定价基础上更细化，并且通过分级定价来平衡价值体系正常运作。

（1）产品线定价是根据购买者对同样产品线不同档次产品的需求，精选设计几种不同档次的产品和价格。

（2）任选产品定价即在提供主要产品的同时，还附带提供任选品或附件与之搭配。

（3）附属产品定价以较低价销售主产品来吸引顾客，以较高价销售备选和附属产品来增加利润。

（4）副产品定价在许多行业中，在生产主产品的过程中，常常有副产品。如果这些副产品对某些客户群具有价值，必须根据其价值定价。副产品的收入多，将使公司更易于为其主要产品制订较低价格，以便在市场上增加竞争力。因此制造商需寻找一个需要这些副产品的市场，并接受任何足以抵补储存和运输副产品成本的价格。

（5）捆绑定价是将数种产品组合在一起以低于分别销售时支付总额的价格销售。

如果出售的是产品组合，则可以考虑采取：搭配定价，将多种产品组合成一套定价；系列产品定价，不同档次、款式、规格、花色的产品分别定价；主导产品带动，把主导产品价格限定住，变化其消耗材料的价格；以附加品差别定价，根据客户选择附属品不同，而区别主导产品的价格。

（五）促销定价策略

促销定价（Promotional Pricing）是指公司可以暂时制订低于标准价格，有时甚至可以低于成本的定价方法。促销定价方法有几种形式：超级市场和百货商店对少数产品的定价采取先赔策略，吸引顾客来商店，同时希望他们按标准价格购买其他产品。销售者有时也使用特殊事件定价策略，在特殊时节吸引顾客来店里。

（1）很多大众品牌服装和超级市场会在不同周期选择几款服装产品作为牺牲品招徕客户，希望他们购买其他有正常加成的产品。

（2）销售者在某些季节还可以用具有纪念意义的特殊节日定价来吸引更多的客户。例如，宣扬中国传统节日和非遗文化的节日中，设计专门的文创类服装，进行促销销售。

（3）针对经销商的促销，对于在规定期限内从经销商那购买产品的客户，制造商有时会为他们提供现金折扣，把折扣直接交给客户，不断刺激他们的销售技能，为品牌提高销量。

（4）服装企业可以从正常价格中简单地提供折扣，以增加销售量和减少库存。

（六）网络定价策略

网上定价是指对网上营销的产品和服务制订价格。任何企业都必须按照企业的目标市场策略及市场定位策略的要求进行定价。

由于网络信息非常透明，顾客可以很容易地得到同一类商品的价格信息。顾客在网上搜索商品，一般都会从最便宜的商品开始，因此如果定价过高，而我们的商品又没有其他明显的竞争优势，顾客肯定会流向商品价格低的店铺；即便定价低，提高销售量，但如果长期没有利润，网店也不能生存。

怎样定出既有利可图，又有竞争力的价格呢？

1.薄利多销定价

对于一些需求量大、资源有保证的商品，适合采用薄利多销的定价方法。这时要有意识地压低单位利润水平，以相对低廉的价格增大和提高市场占有率，从而实现利润目标。

2.数量折扣定价

数量折扣是对购买商品数量达到一定数额的顾客给予折扣，购买的数量越大，折扣越多。采用数量折扣定价可以降低产品的单位成本，加速资金周转。数量折扣有累积数量折扣和一次性数量折扣两种形式。

累积数量折扣是指在一定时期内购买的产品累计数量达到一定数量时，按总量给予的一定折扣，如我们常说的会员价；一次性折扣是指按一次购买数量的多少而给予的折扣。

网上商品定价一定要遵从稳定性、目标性和盈利性的原则。稳定性是指同类产品价格不要在很短时间内有很大波动，特别是降价。这样做的结果会使老顾客感觉上当，新顾客又会驻足观望。目标性是指要时刻注意产品消费群体，因地因时制订价格，不要把低档品高价卖出。盈利性是说不要打价格战，这样对谁也没有好处。对于卖家来说，因为利润太低，甚至亏本，势必会降低质量和服务；而对于买家来说，因为价格太低，也会对产品质量产生怀疑。

（七）心理定价策略

心理定价策略就是企业在制订产品价格时，运用心理学的原理，根据不同类型消费者的消费心理来制订，它是定价科学和艺术的结合。当企业采用成本导向、需求导向或者竞争导向定价法制订出一个基础价格后，这个价格并不一定能被市场和消费者接受。为了能让价格被消费者接受，并且让企业自身也能满意，那么就应该针对不同的消费心理，对原先制订出的基础价格进行修正。不同的企业有不同的定价目标，不同的消费者群有不同的消费心理，因此应该有不同的心理定价策略。常见的心理定价策略有：尾数定价策略、价值定价策略、招徕定价策略、习惯定价策略等。

1.尾数定价策略

尾数定价是指在商品定价时，取尾数而不取整数，使消费者购买时在心理上产生商品特别便宜的感觉。尾数定价策略以暗示效应为基础，它暗示消费者这种商品的价格是商家经过认真核算制定的，可信度高。调查表明，价格尾数的微小差别，往往会给人以不同的效果。

2.价值定价策略

价值定价策略也叫声望定价策略，指把在顾客中有声望的商店、企业的商品价格定得比一般的商品要高的定价策略。它是根据消费者对品牌、商品的信任心理而使用的价格策略。与尾数定价策略迎合消费者的求廉心理相反，声望定价策略迎合了消费者的高价显示心理。这是因为消费者受相关群体、所属阶层、地位、身份等外部刺激，愿意花高价购买某些商品，以达到显示身份、地位、实现自我价值的目的。

3.招徕定价策略

招徕定价策略是指企业通过对某些商品的低定价以吸引顾客，目的是招徕顾客在购买低价商品时也购买其他商品，从而提高企业的销售额。采用招徕定价策略要注意三个方面：一是特廉价格商品的确定，这种商品既要对顾客有一定的吸引力，又不能价值过高以致大量低价销售给企业造成较大的损失；二是数量要充足，保证供应，否则没有购买到特价产品的顾客会有一种被愚弄的感觉，会严重损害企业形象；三是引起顾客注意是增加销售额的前提，当消费者因特价等因素前来的时候，一定要注意采取措施使顾客的注意力发生分散，如将特价商品放置在商店靠里的位置或在现场增加其他商品的POP广告，千万别让顾客进店后拿上特价商品就走。

4.对比定价策略

对比定价策略是指对一个将要陈列在一个更高价格的同一商标或竞争商标产品旁边的特殊产品确定一个适中的，而不是低廉的价格。这个策略以所谓的孤立效应为基础。孤立效应认为，一个商品如果紧挨着一个价格更高的替代商品出现将比它单独出现更有吸引力。

5.差别定价策略

差别定价策略是指对同一产品针对不同的顾客、不同的市场制订不同的价格的策略。为了不流失顾客，可以采用差别定价策略。现在商家纷纷在消费者购货一定金额以上便给以一定的折扣和返利促销的方式，也是一种差别定价。差别定价既可以让商家赚取更多的利润，同时不流失顾客。

6.模糊定价策略

模糊定价策略也叫组合定价策略，就是把一些畅销产品与新产品或滞销产品进行组合定价销售。畅销产品与新产品进行组合有利于企业为新产品打开销路，与滞销产品进行组合则有利于促进产品销售。

7.习惯定价策略

习惯价格就是在长期的市场交换中某些商品已经形成了消费者所适应的价格。这种定价策略适合日常消费且大量消费的商品。由于消费者对这类商品价格变动较为敏感，所以企业对这些商品定价时要充分考虑消费者的习惯倾向，采用"习惯成自然"的定价策略。对消费者已经习惯了的价格，不宜轻易变动。降低价格会使消费者怀疑产品质量是否有问题。提高价格会使消费者产生不满情绪，导致购买的转移。在不得不需要提价时，应采取改换包装或建立品牌等措施，减少抵触心理，并引导消费者逐步形成新的习惯价格。

8.梯子定价策略

梯子定价策略指的是分阶段对商品进行由低到高打折的方式促进商品销售。它利用了消费者这种心态："我今天不买，明天就会被他人买走，还是先下手为强。"这是一种高明的折价策略，虽然折价，但折价比例的不确定性和折价活动时间的不确定性使消费者形成一种焦虑心理，担心赶不上便宜，消费者反而顾及不到折价与质量关系的考虑。

二、 服装价格调整

服饰价格并不是一成不变的，往往会有不同程度的调整。

（一）提价的主要原因

纵览国内外的经营实践，引起服装店提价的主要原因如下：

（1）应付成本上涨。

（2）通货膨胀。

（3）改进服饰。

（4）保持竞争能力。

（5）竞争策略的需要。

（二）降价的主要原因

与提价受到一些因素影响一样，服装店降价也是由多种因素造成的，有市场方面的、店铺内部的、经济方面的，也有社会其他方面的因素。但最主要的有以下一些因素。

（1）服装店的服饰没能及时加强促销，扩大销售，造成了服饰积压。

（2）在强大的竞争者压力之下，服装店的市场占有率下降，迫使其降低价格，维持和扩大市场份额。

（3）服装店的成本费用比竞争者低，可以通过降价来控制市场，或通过削价提高市场占有率，从而扩大销售，获取更多利润。

（4）考虑竞争对手的价格策略。

（5）需求曲线的弹性。

（6）经济形势。

（三）成本上升或下降时

（1）原材料成本上升或下降。

（2）人工成本上升或下降。

（四）市场供求变化时

（1）供不应求价格上调。

（2）供大于求价格下调。

（五）有新竞争对手进入时

（1）低端产品价格下调，以便于竞争。

（2）高端产品根据实际情况，可上调，也可下调。

（六）销售季节变化时

（1）进入销售旺季，产品价格应稍微上调。

（2）进入销售淡季，产品价格应稍微下调。

（3）节假日产品紧俏或热销，可上调，也可下调。

（七）新的技术应用时

（1）老产品价格应下调。

（2）应用新技术的新产品价格应上调。

（八）政策或外部环境发生变化时

（1）政府政策会波及企业产品时。

（2）国际市场发生变化时。

（3）某类事件突发时。

（九）销售策略变化时

（1）为了迅速回笼资金。

（2）为了让利经销商、代理商和零售商。

（3）为了推出新产品。

（十）地域因素

（1）某一地域特别畅销或者滞销时。

（2）某一地域消费群体的经济收入稍高或稍低时。

（3）某一地域消费者对本产品已形成嗜好时。

（十一）生产和经营原因

（1）生产供不应求时，可以提高产品价格。

（2）经营地点或销售渠道无法在短时间内扩大，而消费者需求却增大时，可以考虑提价。

思考题

1.针对不同风格的设计师品牌价格应该如何设定？

2.不同时装品牌与设计师品牌价格策略上有什么不同？

3.从顾客角度来分析设计师品牌产品的价值。

第八章

设计师品牌渠道管理

在服装产品的销售过程中，营销渠道是必不可少的环节。服装的营销渠道就是指服装产品从生产者转移到消费者或用户的过程中所经过的途径，它是生产者及其产品与目标市场的购买者连接的纽带。企业只有选择适当的营销渠道，才能在适当时间、适当地点、以适当的数量和价格把服装产品从生产者手中转移到消费者手中。

对服装公司而言，选择最佳营销渠道以实现企业目标是个相当复杂的战略性问题。最佳营销渠道，就是营销费用少、销售效率高、使企业的产品尽快地销售出去，并取得较好经济效益的渠道。这就需要根据影响渠道选择的各种因素来确定渠道类型，明确每个渠道成员的条件和责任。

通常情况下，营销渠道的级数可分为直销渠道、一级渠道、二级渠道等。直销渠道也称零级渠道，生产商直接将其产品销售给消费者，不经过任何环节，主要形式有自营商店和邮购零售以及网络销售。一级渠道是在生产者和消费者之间只经过零售渠道一个环节。二级渠道是在生产者和消费者之间要经过两个环节，如批发渠道和零售渠道。以此类推，还有三级渠道、四级渠道等。在服装商业运作比较成熟的国家和地区，营销渠道的级数比较简单，一般前两种占大多数；而在我国等一些发展中国家，商业水平还处于初级水平，故多级营销渠道还占有相当比例。

第一节 渠道的构成

销售渠道的起点是生产者，终点是用户，中间环节包括各种批发商、零售商、商业服务机构（如经纪人、交易市场等）。

销售渠道的结构，可以分为长度结构（层级结构）、宽度结构以及广度结构三种类型。三种渠道结构构成了渠道设计的三大要素，或称为渠道变量。进一步说，渠道结构中的长度变量、宽度变量及广度变量完整地描述了一个三维立体的渠道系统。

一、长度结构

销售渠道的长度结构，又称为层级结构，是指按照其包含的渠道中间商（购销环节），即渠道层级数量的多少来定义的一种渠道结构。通常情况下，根据包含渠道层级的多少，可以将一条销售渠道分为零级、一级、二级和三级渠道等。

零级渠道，又称为直接渠道（Direct Channel），是指没有渠道中间商参与的一种渠道结构。零级渠道也可以理解为一种分销渠道结构的特殊情况。在零级渠道中，产品或服务直接由生产者销售给消费者。零级渠道是大型或贵重产品以及技术复杂、需要提供专门服务的产品销售采取的主要渠道。一级渠道包括一个渠道中间商。在工业品市场上，这个渠道中间商通常是一个代理商、佣金商或经销商；而在消费品市场上，这个渠道中间商则通常是零售商。二级渠道包括两个渠道中间商。在工业品市场上，这两个渠道中间商通常是代理商及批发商；而在消费品市场上，这两个渠道中间商则通常是批发商和零售商。三级渠道包括三个渠道中间商。

二、宽度结构

渠道的宽度结构，是根据每一层级渠道中间商数量的多少来定义的一种渠道结构。渠道的宽度结构受产品性质、市场特征、用户分布以及企业分销战略等因素的影响。渠道的宽度结构分成以下三种类型。

密集型分销渠道（Intensive Distribution Channel），也称为广泛型分销渠道，是指制造商在同一渠道层级上选用尽可能多的渠道中间商来经销自己的产品的一种渠道类型。

选择性分销渠道（Selective Distribution Channel），是指在某一渠道层级上选择少量的渠道中间商来进行商品分销的一种渠道类型。

独家分销渠道（Exclusive Distribution Channel），是指在某一渠道层级上选用唯一的一家渠道中间商的一种渠道类型。

三、广度结构

渠道的广度结构，实际上是渠道的一种多元化选择。也就是说许多公司实际上使用了多种渠道的组合，即采用了混合渠道模式来进行销售。例如，有的公司针对大的行业客户，在公司内部成立大客户部直接销售；针对数量众多的中小企业用户，采用广泛的分销渠道；针对一些偏远地区的消费者，则可能采用邮购等方式来覆盖。

概括地说，渠道结构可以笼统地分为直销和分销两个大类。其中直销又可以细分为几种，如制造商直接设立的大客户部、行业客户部或制造商直接成立的销售公司及其分支机构等。此外，还包括直接邮购、电话销售、公司网上销售等。分销则可以进一步细分为代理和经销两类。代理和经销均可能选择密集型、选择型和独家等方式。

第二节

销售终端的

管理

渠道管理是指制造商为实现公司分销的目标而对现有渠道进行管理，以确保渠道成员间，公司和渠道成员间相互协调和通力合作的一切活动，其意义在于共同谋求最大化的长远利益。渠道管理分为选择渠道成员、激励渠道、评估渠道、修改渠道决策、退出渠道。生产厂家可以对其分销渠道实行两种不同程度的控制，即绝对控制和低度控制。概括地说，渠道的控制就是指通过对渠道的管理、考核、激励以及渠道冲突的解决等一系列措施对整个渠道系统进行的综合调控。公司建立起渠道系统，仅仅是完成了实现分销目标的第一步，而要确保公司分销目标的顺利完成，还必须对建立起来的渠道系统进行适时的渠道控制。渠道控制构成了销售渠道管理的核心内容。渠道结构及渠道的搭建是一件相对容易的事情，而渠道控制则贯穿于渠道系统运行的整个生命周期之中。

一、渠道管理工作

（1）加强对经销商的供货管理，保证供货及时，在此基础上帮助经销商建立并理顺销售子网，分散销售及库存压力，加快商品的流通速度。

（2）加强对经销商广告、促销的支持，减少商品流通阻力；提高商品的销售力，促进销售；提高资金利用率，使之成为经销商的重要利润源。

（3）对经销商负责，在保证供应的基础上，对经销商提供产品服务支持。妥善处理销售过程中出现的产品损坏变质、顾客投诉、顾客退货等问题，切实保障经销商的利益不受无谓的损害。

（4）加强对经销商的订货处理管理，减少因订货处理环节中出现的失误而引起发货不畅。

（5）加强对经销商订货结算管理，规避结算风险，保障制造商的利益。同时避免经销商利用结算便利制造市场混乱。

（6）其他管理工作，包括对经销商进行培训，增强经销商对公司理念、价值观的认同以及对产品知识的认识。还要负责协调制造商与经销商之间、经销商与经销商之间的关系，尤其对于一些突发事件，如价格涨落、产品竞争、产品滞销以及周边市场冲击或低价倾销等扰乱市场的问题，要以协作、协商的方式为主，以理服人，及时帮助经销商消除顾虑，平衡心态，引导和支持经销商向有利于产品营销的方向转变。

二、存在的问题

（一）渠道不统一引发厂商之间的矛盾

企业应该解决由于市场狭小造成的企业和中间商之间发生的冲突，统一企业的渠道政策，使服务标准规范。如有些厂家为了迅速打开市场，在产品开拓初期就选择两家或两家以上总代理，由于两家总代理之间常会进行恶性的价格竞争，因此往往会出现虽然品牌知名度很高，但市场拓展状况却非常不理想的局面。当然，厂商关系需要管理，如防止窜货应该加强巡查，防止倒货应该加强培训，建立奖惩措施，通过人性化管理和制度化管理的有效结合，培育最适合企业发展的厂商关系。

（二）渠道冗长造成管理难度加大

应该缩短货物到达消费者的时间，减少环节、降低产品的损耗，企业有效掌握终端市场供求关系，减少企业利润被分流的可能性。

西班牙服装零售商ZARA，在世界各地设立2000多家服装连锁店，其规模浩大，成功之因有赖于无懈可击的经营模式，即低库存、低单价、款式多、淘汰快。ZARA旗下拥有200多个专业设计师群，一年推出的商品多达12000款。ZARA公司是从西班牙西北部拉科鲁尼亚的港口城市加利西亚走向世界的，该公司独特的供给链治理，使其成为全球服装行业中，在响应速度与弹性治理上的标杆企业。ZARA为垂直分销系统，即组织架构产品开发—生产制造—批发—零售终端—消费者。其运作模式是高效的集成式生产模式与高速的物流配送系统。工厂工作人员收到设计师的原型裁片，在电脑上以最节约布料成本的方式排板布料裁剪后，按服饰各部位的布片分袋包装，送往工厂生产。为追求速度，代工厂50%以上在西班牙总部四周区域，以及摩洛哥和葡萄牙，任何地方代工的产品最终都集中到总部，再统一配送出去。ZARA总部有世界最长的成衣地下轨道，工厂缝制完毕后，通过绵延十几千米的地下隧道里的自动轨道，将一批批成衣送回ZARA工厂，进行质验包装。ZARA工厂的工作人员负责整熨、质验，无误后贴上标签交由机器包装。包装好的服饰通过输送轨道自动分类，先送到代表各国市场的衣架上，再依据包装上的条码，由输送带分类到代表各门市的盛装盘中，物流中心1小时可以处理6万件衣服，最终装箱交由货车运输。ZARA的成功得益于实行垂直整合这种缩短渠道的模式，从选购、设计、生产、物流再到店面，ZARA大都自己包办，全部的店面都是自营，只有少数市场太小或者文化隔膜太大的市场，才找代理商。但这种渠道模式对企业的渠道管理能力要求非常高。

（三）渠道覆盖面过广

厂家必须有足够的资源和能力去关注每个区域的运作，尽量提高渠道管理水平，积极应对竞争对手对薄弱环节的重点进攻。

真维斯在中国市场打开知名度，得益于旭日制衣厂。旭日制衣厂最早从事贴牌加工生意。1990年，不满足于贴牌加工的两兄弟收购了真维斯，并很快将真维斯品牌在澳大利亚市场做大。1993年，旭日集团又把目光投向了极具潜力的中国内地市场，成立了真维斯国际，并开始了布局。同年，真维斯在上海开出了第一家门店，并很快受到了市场的青睐。一路高歌猛进的真维斯对国内市场充满信心，1995年还将总部迁至广东省惠州市，也是旭日集团杨氏兄弟的祖籍所在地。真维斯强劲的业绩也帮助母公司旭日集团于1996年成功登陆香港证券交易所。据媒体报道，真维斯在发展巅峰时期，全国拥有2500余家门店，曾是国内服装行业的领头羊。不过，到了2012年，中国服装行业发生了库存危机，森马、美特斯·邦威、真维斯等一系列大众休闲品牌都陷入了"高库存"困境，关店潮上演。同时期，国外快时尚品牌，Zara和H&M相继进入中国市场，进一步抢夺国产服装品牌的市场份额。根据旭日集团2017年的数据，真维斯全国门店数量为1298家，较2016年下降了260家，而截至2018年6月，真维斯门店数量进一步下滑至1164家，较其巅峰时期缩水一半。大规模的销售终端，使得企业在管理过程中很难管理到位，同时运作资金加大，使得管理难上加难。

（四）企业对中间商的选择缺乏标准

在选择中间商的时候，不能过分强调经销商的实力，而忽视很多容易发生的问题，如实力大的经销商同时也会经营竞争品牌，并以此作为讨价还价的筹码。实力大的经销商不会花很大精力去销售一个小品牌，企业可能会失去对产品销售的控制权等；厂商关系应该与企业发展战略匹配，不同的企业应该对应不同的经销商。对于知名度不高实力不强的公司，应该在市场开拓初期进行经销商选择和培育，既建立利益关联，又有情感关联和文化认同；对于拥有知名品牌的大企业，有一整套帮助经销商提高的做法，使经销商可以在市场竞争中脱颖而出，可令经销商产生忠诚。另外，其产品经营的低风险性以及较高的利润，都促使两者形成合作伙伴关系。总之，选择渠道成员应该有一定的标准，如经营规模、管理水平、经营理念、对新生事物的接受程度、合作精神、对顾客的服务水平、其下游客户的数量以及发展潜力等。

（五）企业不能很好地掌控并管理终端

有些企业自己经营了一部分终端市场，抢了二级批发商和经销商的生意，使其销量减少，经销商逐渐对本企业的产品失去经营信心，同时他们会加大对竞争品的销量，造成传统渠道堵塞。如果市场操作不当，整个渠道会因为动力不足而瘫痪。在"渠道为王"的今天，企业越来越感受到渠道里的压力，如何利用渠道里的资源优势、如何管理经销商，就成了决胜终端的"尚方宝剑"了。

（六）忽略渠道的后续管理

很多企业误认为渠道建成后可以一劳永逸，不注意与渠道成员的感情沟通与交流，从而出现很多问题。因为从整体情况而言，影响渠道发展的因素众多，如产品、竞争结构、行业发展、经销商能力、消费者行为等。渠道建成后，仍要根据市场的发展状况不断加以调整，否则就会出现大问题。

（七）盲目自建网络

很多企业特别是一些中小企业不顾实际情况，一定要自建销售网络，但是由于专业化程度不高，致使渠道效率低下；由于网络太大反应缓慢；管理成本较高；人员开支、行政费用、广告费用、推广费用、仓储配送费用巨大，给企业造成了很大的经济损失。特别是在一级城市，企业自建渠道更要慎重考虑。自建渠道必须具备一定的条件：高度的品牌号召力、影响力和相当的企业实力；稳定的消费群体、市场销量和企业利润；企业经过了相当的前期市场积累已经具备了相对成熟的管理模式等；另外，自建渠道的关键是必须讲究规模经济，必须达到一定的规模，厂家才能实现整个配送和营运的成本最低化。

（八）新产品上市的渠道选择混乱

任何一个新产品的成功入市，都必须最大程度地发挥渠道的力量，特别是与经销商的紧密合作。如何选择一家理想的经销商呢？笔者认为经销商应该与厂家有相同的经营目标和营销理念，从实力上讲经销商要有较强的配送能力，良好的信誉，有较强的服务意识、终端管理能力；特别是在同一个经营类别当中，经销商要经销独家品牌，没有与之产品及价位相冲突的同类品牌；同时经销商要有较强的资金实力，固定的分销网络等。总之，在现代营销环境下，经销商经过多年的市场历练，已经开始转型并走向成熟，对渠道的话语权意识也逐步地得以加强。所以，企业在推广新品上市的过程中，应该重新评价和选择经销商，一是对现有的经销商大力强化网络拓展能力和市场操作能力，新产品交其代理后，企业对其全力扶持并培训；二是对没有改造价值的经销商，坚决予以更换；三是对于实力较强的二级分销商，可委托其代理新产品。

思考题

1.新媒体时代设计师品牌如何选择分销渠道？

2.设计师品牌在线下销售中的应该如何获取消费者的青睐？

3.设计师品牌在线上销售的渠道的优势和劣势是什么？

第九章
设计师品牌促销策略

第一节
促销概述

在任何社会化大生产和商品经济的条件下，生产者不可能完全清楚谁需要什么商品、何地需要、何时需要、何种价格消费者愿意并能够接受等；广大消费者也不可能完全清楚什么商品由谁供应、何地供应、何时供应、价格高低等。正因为客观上存在着这种生产者与消费者间"信息分离"的"产""消"矛盾，企业必须通过沟通活动，利用广告、宣传报道、人员推销等促销手段，把生产、产品等信息传递给消费者和用户，以增进其了解、信赖，并使其购买本企业产品，达到扩大销售的目的。随着企业竞争的加剧和产品的增多，消费者收入的增加和生活水平的提高，在买方市场上的广大消费者对商品要求更高，挑选余地更大，因此企业与消费者之间的沟通更为重要，企业更需加强促销，利用各种促销方式使广大消费者和用户加深对其产品的认识，以使消费者愿意多花钱来购买其产品。

一、促销的概念

促销就是营销者向消费者传递有关本企业及产品的各种信息，说服或吸引消费者购买其产品，以达到扩大销售量的目的的一种活动。

促销实质上是一种沟通活动，即营销者（信息提供者或发送者）发出刺激消费的各种信息，把信息传递给一个或更多的目标对象（即信息接收者），以影响其态度和行为。

二、促销的类型

促销是分销基础上的一种市场营销活动，是品牌利用分销渠道，采用一些特殊手段来促进产品销售的一种营销方法。促销涉及的内容很广，包括促销组合、人员推销、广告、品牌推广以及公共活动等。

三、促销的方式

促销的方式分为人员促销和非人员促销两大类。

人员促销是指上门的业务员。电话营销、网络营销、现场推销等都是以人为主导的推销方式。

人员推销与其他促销形式相比有以下优点。

（1）由于推销人员与顾客保持直接联系，所以其推销活动有很大的灵活性。例如，可以根据各类顾客的购买动机、购买行为，采取相应的协调措施，达到交易目的。

（2）推销人员可以事先对潜在的顾客进行研究，以便正式推销时获得成功，这与广告相比，可以将损失浪费降到最低。

（3）推销员的活动往往可以促成及时的购买行为。广告虽然可以引起顾客的注意并产生购买欲望，但无法使顾客立即采取购买行为。

（4）推销人员除承担推销工作以外，还可以兼顾提供市场服务、收集情报、开展市场调研等工作。

（5）推销人员可以促使买卖双方从单纯的买卖关系发展到建立深厚的个人友谊，互相信任，发展长期合作。

非人员促销又称间接促销，是企业通过一定的媒介传递产品或劳务等有关信息，以促使消费者产生购买欲望，发生购买行为的一系列促销活动，包括广告、公共关系和销售促进等。它主要适合于消费者数量多、比较分散等情况。

第二节 设计师品牌广告促销

一、广告的定义

广告，就是广而告之，向社会广大公众告知某件事物。广告就其含义来说，有广义和狭义之分。

广义上的广告也即非经济广告，是指不以盈利为目的的广告，如政府公告，政治、宗教、社会、文化等方面的启事、声明等。

　　狭义上的广告也即经济广告，是指以盈利为目的的广告，通常是商业广告，它是以推销商品或提供服务，以付费方式通过广告媒体向消费者或用户传播商品或服务信息的手段。商品广告就属于经济广告。经济广告不同于一般大众传播和宣传活动，主要体现如下。

　　（1）它是一种传播工具，是将某一项商品的信息，由这项商品的生产或经营机构（广告主）传递给一群用户和消费者。

　　（2）做广告需要付费。

　　（3）广告进行的传播活动带有说服性。

　　（4）广告是有目的、有计划、连续的。

　　（5）广告不仅对广告主有利，而且对目标对象有好处，它可使用户和消费者得到有用的信息。

二、广告的分类

　　根据不同的划分方式，广告的分类多种多样。

　　（1）根据广告的内容分类：产品广告、品牌广告、观念广告。

　　（2）根据广告的目的分类：告知广告、促销广告、形象广告、建议广告、公益广告、推广广告。

　　（3）根据广告的实施策略分类：单篇广告、系列广告、集中型广告、反复广告、营销广告、比较广告、说服广告。

　　（4）根据广告的传播媒介分类：报纸广告、杂志广告、电视广告、电影广告、网络广告、包装广告、电台广告、招贴广告、POP广告、交通广告、直邮广告、车体广告、门票广告。

　　（5）根据广告主要表现手法分类：图像广告，以图片为主；文字设计广告，以文字编排为主；幽默广告，以幽默情景为主；人物肖像广告，以电影明星、歌星及各行业代表人物为主；视听广告，以声音、影像、音乐、节奏为主。

　　（6）根据广告的传播范围分类：国际性广告、全国性广告、地方性广告、区域性广告。

　　（7）根据广告的传播对象分类：消费广告、企业广告。

　　（8）根据广告主分类：合作广告、制造商广告、中间商广告。

三、广告的特点

　　（1）公开展示性。广告是一种高度公开的信息沟通方式，使目标受众联想到标准化的产品，许多人接收相同的信息，所以购买者知道他们购买这一产品的动机是众所周知的。

（2）普及性。广告突出"广而告之"的特点，也就是普及化、大众化，销售者可以多次反复向目标受众传达这一信息，购买者可以接收并比较同类信息。

（3）艺术的表现力。广告可以借用各种形式、手段与技巧，提供将一个公司及其产品戏剧化的表现机会，增加其吸引力与说服力。

（4）非人格化。广告是非人格化的沟通方式。广告的非人格化体现在沟通效果上，不能使目标受众直接完成行为反应。这种沟通是单向的，受众无义务去注意和做出反应。

广告一方面适用于创立一个公司或产品的长期形象，另一方面，能促进快速销售。从其成本费用来看，就传达给处于地域广阔且分布分散的广大消费者而言，广告每个显露点的成本相对较低，因此，是一种较为有效，并被广泛使用的沟通促销方式。

四、广告媒体

通过报刊、广播、电视、电影、路牌、橱窗、印刷品、霓虹灯等媒介或者形式，在中国境内刊播、设置、张贴广告。主要包括：

（1）利用报纸、期刊、图书、名录等刊登广告。

（2）利用广播、电视、电影、录像、幻灯等播映广告。

（3）利用街道、广场、机场、车站、码头等区域建筑物或空间设置路牌、霓虹灯、电子显示牌、橱窗、灯箱、墙壁等展示广告。

（4）利用影剧院、体育场（馆）、文化馆、展览馆、宾馆、饭店、游乐场、商场等场所内外设置、张贴广告。

（5）利用车、船、飞机等交通工具设置、绘制、张贴广告。

（6）通过邮局邮寄各类广告宣传品。

（7）利用馈赠实物进行广告宣传。

（8）利用电子邮件（E-mail）、横幅（Banner）等进行广告宣传，是数据库营销的一种。

五、广告设计

（一）真实性原则

真实性是广告的生命和本质，是广告的灵魂。作为一种负责任的信息传递方式，真实性始终是广告设计首要的和最基本的原则。

广告的真实性首先是广告宣传的内容要真实，应该与推销的产品或提供的服务一致，不能弄虚作假，也不能蓄意夸大，必须以客观事实为依据。其次，广告的感性形象必须是真实的，无论在广告中如何进行艺术化处理，广告所宣传的产品或服务形象都应该是真实的，与商品的自身特性一致，不能夸大和歪曲。最后，广告的感情必须是真实的，表现的是真情实感，不是矫揉造作，以真善美的最高审美情趣感染受众，唤起美好的感情，最终实现预期目的。

（二）关联性原则

广告设计必须与产品关联、与目标关联、与广告想引起的特别行为关联。广告如果没有关联性，就失去了目的。关联性原则主要解决以下几个基本问题。

（1）广告欲达到什么目的？

（2）广告面对什么样的目标受众？

（3）有什么样的竞争利益点可以做广告承诺？有什么支持点？

（4）广告的品牌有什么个性？

（5）什么样的媒体适合传播广告信息？取悦受众的突破点在哪里？

广告如果不知道要说什么，对什么人说，为什么说，就势必浪费时间与金钱。广告设计必须针对消费者的需要有的放矢，才能引发消费者的注意与兴趣，具有引诱说服的感召力，将消费者的需要转化为消费行为的动机，起到潜移默化的说服作用。

（三）创新性原则

广告设计的创新性原则实质上就是个性化原则，是差别化设计策略的体现。个性化的内容和独创的表现形式和谐统一，显示出广告作品设计的独创性。

广告设计的创新性原则有助于塑造鲜明的品牌个性，能让品牌从众多竞争者中脱颖而出，强化其知名度，鼓励消费者选择此品牌，因此，品牌个性是一项有价值的资产。广告在创造及维护品牌个性中扮演着重要的角色，当品牌有鲜明、动人的个性时，消费者便会期望使用此品牌，进而产生良好的体验。当期望实现后，良好的体验便会受到重视，并留下美好的记忆。

广告设计要着力突出商品的个性形象，其创意、造型、图案、色彩、语言、音乐等都要贯穿个性化的指导思想，才能创造出与众不同的富有个性的独特形象，增强广告的吸引力，在人们的脑海中留下深刻的印象。

创新性原则要求广告设计师具有超凡脱俗的创造力和表现力，善于突破传统模式，敢于独创风格，标新立异。广告设计中针对消费者需要的关联并不难，不关联但创意新奇也容易做到，真正难达到的是兼顾"创新"和"关联"。

（四）形象性原则

产品形象和企业形象是品牌和企业以外的心理价值，是人们对商品品质和企业品位感情反应的联想，现代广告设计要重视品牌和企业形象的树立。在消费者的购买动机中，心理因素占有重要地位，商品的心理价值就是品牌和个人印象，包括消费者对商品和企业的主观评价，它往往成为消费者购买行为的指南，因此，如何创造品牌和企业的良好形象，已成为现代广告设计的重要课题。

在工业高度发达的今天，由于科学技术的不断更新，同类商品的品质几乎大同小异，消费者在选择商品时，往往不把商品的功能因素放在首位，而是考虑商品所提供的整个形象，尤其在消费品市场和年轻人市场，这种因素在人们购买时起到很重要的作用，可以说，消费者买的是商品，选择的是形象。

每一项广告活动和每一件广告作品，都是对商品和企业形象的长期投资。因此，应该很好地遵循形象性原则，在广告设计中注重品牌和企业形象的树立，充分发挥形象的感染力与冲击力，把经过打造的独特的形象概念根植于消费者的心中，这样就能使商品的销售立于不败之地。

（五）感情性原则

感情是人们受外界刺激而产生的一种心理反应，人们的购买行动受感情因素的影响很大。消费者在接受广告时要遵循一定的心理活动规律，即"科学的法则是遵循心理学法则的"。

我们通常把人们在购买活动中的心理活动规律概括为引起注意、产生兴趣、激发欲望、促成行动四个过程，其自始至终充满着感情的因素。

在现代广告设计中，要充分注意感情性原则的运用，尤其对于某些具有浓厚感情色彩的广告主题，这更是设计师不容忽视的表现因素。要在广告上极力渲染感情色彩，烘托商品给人们带来的精神上的美的享受，诱发消费者的感情，使其沉醉于商品形象所给予的欢快愉悦中，就能使消费者动之以情，产生购买冲动。

第三节 服装销售促进

一、 销售促进的特点

（1）迅速的吸引作用。销售促进可以迅速地引起消费者注意，把消费者引向购买。

（2）强烈的刺激作用。通过采用让步、引导和赠送的办法让给消费者一些利益。

（3）明显的邀请性。销售促进以一系列具有短期引导性的手段，显示出邀请消费者前来与之交易的倾向。

在公司促销活动中，采用销售促进方式可以产生更为强烈、迅速的反应，快速扭转销量下降的趋势。然而，销售促进的影响常常是短期的，不适用于形成产品的长期消费者品牌偏好。

二、 销售促进的方法

（一）代金券或折扣券

1.定义

代金券是企业和零售商对消费者购买行为的一种奖励手段。例如，消费者消费达到一定额度时，给其发放的一种可再次消费的有价凭证。

2.操作要点

该有价消费券只能在代金券指定的区域和规定品类中使用。它往往对使用品类有严格限制。通常只能购买那些正常价格内的商品，而不能用于特价销售品种。在使用该券时，价格超出部分需要顾客补现金；代金券不能作为现金兑换，使用时不足部分不得退换成现金。通常来说，这种代金券的面值都较大，以50元、100元、200元、500元的面值较为常见。其主要目的是让消费者通过这种大额消费来促进消费。

（二）附加交易

1.定义

附加交易是厂家采取的一种短期降价手段。

2.操作要点

通过向消费者提供一定数量的免费的同类品种，其常用术语为"买×送×"。

（三）特价或折扣

1.定义

特价或折扣就是直接在商品的现有价格基础上进行打折的一种促销手段。

2.操作要点

折扣的幅度不等，幅度过大或过小均会使消费者产生怀疑促销活动真实性的心理。特价信息通常会注明特价时间段和地点。

（四）抽奖促销

1.定义

消费者通过购买产品而获得抽奖资格，并通过抽奖来确定自己的奖励额度。有奖销售是最富有吸引力的促销手段之一。因为消费者一旦中奖，奖品的价值都很诱人，许多消费者都愿意尝试这种无风险的有奖购买活动。

2.操作要点

奖品的设置要对消费者要有足够的吸引力，分级奖项的设计要合理。抽奖率的计算要不能少于一定比率，否则会使消费者产生虚假感。单奖金额符合我国法律规定。此外，除即买即开的奖品外，为了提高有奖销售的可信度，主办单位一般要请公证机关监督抽奖现场，并在发行量较大的当地报纸上刊登抽奖结果。

（五）派发"小样"

1.定义

企业通过向目标消费人群派发自己的主打产品来吸引消费者对产品和品牌的关注度，以扩大品牌影响力，并影响使用者对该产品的后期购买。

2.操作要点

派发的"小样"必须是合格产品，必须是经过国家各相关部门的检测。而且，对于那些与宣传单页一同派发的"小样"，还必须得到国家指定的广告宣传部门的许可。

（六）现场演示

1.定义

现场演示促销法是为了使顾客迅速了解产品的特点和性能，通过现场为顾客演示具体操作方法，来刺激顾客产生购买意愿的做法。

2.操作要点

演示地点的设置要讲究，既不能影响卖场主通道的人流，又得给消费者的驻足观看留有一定的空间。此外，还要对现场演示道具的安全性和摆放效果进行论证。现场演示最大的好处是能够让消费者身临其境，产生感性认识，刺激消费。

（七）礼品

1.定义

企业通过在一些场合发放与企业相关的产品，借此来提高企业和产品的知名度。

2.操作要点

在选择礼品形式时，应注意其与目标人群的匹配度，而且要注意礼品的质量。例如，一些企业在卖场向消费者发放印有企业和品牌标识的购物袋来提升消费者对企业和品牌的认知度。

（八）以企业及组织为中心的促销

生产企业除了以广告和个人推销的形式来开展销售促进活动外，也在与中间商的交易中使用营业推广的手段。这些手段主要是商业折让、批量折让。

三、 活动效果评估

促销活动效果的评估是个非常重要的阶段，它不是产生于促销活动结束后，而是贯穿于促销的整个过程。

评估活动的基本内容包括活动所设定目标的达成，活动对销售的影响，活动的利润评估，品牌价值的建立，结果统计、分析、诊断，信息反馈。

第四节 公共关系

一、公共关系的含义

根据爱德华·伯尼斯（Edward Bernays）的观点，公共关系是一项管理功能，制订政策及程序来获得公众的谅解和接纳。公共关系是社会组织同构成其生存环境、影响其生存与发展的那部分公众的一种社会关系。公共关系是社会组织为了生存发展，通过传播沟通、塑造形象、平衡利益、协调关系、优化社会心理环境、影响公众的一门科学与艺术。

二、公关宣传的特点

（1）高度可信性。新闻故事和特写比起广告来，其可信性要高得多。

（2）消除防卫。购买者对营销人员和广告或许会产生回避心理，而公关宣传是以一种隐蔽、含蓄、不直接触及商业利益的方式进行信息沟通，从而消除购买者的回避、防卫心理。

（3）新闻价值。公关宣传具有新闻价值，可以引起社会的良好反应，甚至产生社会轰动效果，从而有利于提高企业的知名度，促进消费者产生有利于企业的购买行为。

企业运用公关宣传手段也要开支一定的费用，但这与广告或其他促销工具相比要低得多。公关宣传的独有性质决定了其在企业促销活动中的作用，如果将一个恰当的公共关系宣传活动同其他促销方式协调起来，可以取得极大的效果。

三、公共关系的种类

（1）交际型公共关系。在人际交往中开展公共关系工作，其方式是进行团体交往和个人交往，应用最多。

（2）宣传型公共关系。运用大众传播媒介和内部沟通方法，开展宣传工作，树立良好的组织形象。

（3）战术型公共关系。

（4）社会型公共关系。组织利用举办各种社会性、公益性、赞助性的活动来塑造良好的形象。

（5）服务型公共关系。以提供优质服务为主要手段，目的是以实际行动获取社会的了解和好评，建立自己良好的形象。

（6）危机型公共关系。在媒体环境和行业环境的影响下，企业危机不可避免，危机型公共关系旨在帮助企业破解危机公共关系的难题。

（7）征询型公共关系。以采集社会信息为筹码，以了解社会舆论为手段，为组织的经营管理决策提供咨询服务。

（8）建设型公共关系。特指组织为组织发展所做出的努力。

（9）维系型公共关系。社会组织在稳定发展之际用来巩固良好形象。

（10）进攻型公共关系。社会组织采取主动出击的方式来树立和维护良好形象。

（11）防御型公共关系。社会组织为防止自身的公共关系失调而采取的一种公共关系活动方式。

（12）营销型公共关系。以公关工具为主要工具的营销，是以公关为工具为导向的传播。

四、公关策略

（一）新闻发稿/软文发布

通过在组织本身网站、有影响力的门户网站或是与传统媒体相结合发送新闻来实施网络公关。通过传统媒体发布新闻时，更应注意与新闻记者建立友好关系，原则是开诚布公，成为其可依赖的有效信息来源，因为记者利用网络更容易查清组织公布的信息是否真实。

（二）论坛营销

论坛是网络上一种被广泛应用的信息交流工具，无论是公开浏览方式还是管理严格的远程登录方式，对公共关系而言，都具有特殊的传播沟通功能。首先是信息发布功能，组织和受众都可以通过论坛发布信息；其次是非实时讨论功能，组织可以将要发表的信息写成文章后，以比较有条理和完整的方式发表在论坛相应的讨论区；最后是实时讨论功能，组织可与公众在"聊天区"进行实时交流，来拉近组织与公众之间的距离。一则新闻在论坛的新闻库里可保留很长时间，选择在与组织相关的论坛上贴新闻，可能会带来长达几年的效益。

（三）新闻组

新闻组中聚集着有共同主题的公众，他们就共同感兴趣的问题进行讨论、评论和分析。新闻组可以建立和巩固组织与新老顾客的关系，开展公关所需的市场调查研究，通过信息监测可以进行危机预防与控制。目前新闻组已成为国际公关界交流中最重要的一个渠道。

（四）电子邮件

个性化的电子邮件可以增加人情味，实现一对一传播。

五、公关的原则

（1）以公众为对象。

（2）以美誉为目的。

（3）以互惠为原则。

（4）以长远为方针。

（5）以真诚为信条。

（6）以沟通为手段。

第五节　人员促销

一、人员促销的特点

（一）面对面沟通

人员营销是以一种直接、生动、与客户相互影响的方式进行营销活动。营销人员在与客户的直接沟通中，通过直觉和观察探究消费者的动机和兴趣，从而调整沟通方式。

（二）人际关系培养

营销人员与客户在交易关系的基础上，建立与发展其他各种人际沟通关系，人际关系的培养使营销人员可以得到购买者更多的理解。

（三）直接的行为反应

人员营销可以产生直接反应，即可以使客户听后觉得有义务做出某种反应。与人员营销的显著特性相关联的，是人员营销手段的高成本。人员营销是一种昂贵的促销工具。

二、 促销人员管理

为了能够组建一支有效的促销队伍，从促销人员的选择到培训，再到对整个促销团队的监督和评估，都要有一套完整的程序来帮助我们完善工作，在这里，我们就介绍一下促销人员的工作。

（一）促销人员的选择

有一支充满活力又经验丰富的促销队伍对销售来说是锦上添花，促销人员的工作包括如下几个方面：

（1）产品、卖场维护，维护公司产品的陈列，保证货品摆放。

（2）促销地点布置，如海报张贴、超市卡、吊旗等。

（3）促销推广，向顾客宣传公司产品，激发顾客的购买欲望。

（4）及时完成并上交工作报表。

（二）促销人员的培训

无论多好的产品、多好的促销活动，如果没有一个好的促销员展示给消费者，仍然不会激起消费者的购买欲望，促销员的培训是否到位及服务态度的好坏直接关系到促销活动是否成功，所以，对促销人员的培训非常重要，它主要包括如下内容：

1.基本背景及技能培训

（1）公司背景和经营理念培训。

（2）产品知识培训：如产品的卖点，使用方法等。

（3）工作程序培训。

（4）促销员岗位职责培训：包括销售讲解、活动讲解、及时预先补货等。

2.销售技巧和售后服务方面的培训

（1）服务态度与销售技巧的培训：如何同顾客打招呼，如何回答顾客的问题，如何判断顾客是否有购买意愿，如何应对不礼貌顾客等。

①工作态度：互惠互赢，不卑不亢。

②说话技巧：明朗沉稳的语调，积极灵活的反应。

③倾听：认真倾听，显示出你对顾客的尊重。

④微笑和赞美。

⑤控制时间：在最短的时间内激起顾客对产品的兴趣。

⑥有针对性地寒暄。

⑦真诚地对待每一个人：不要扩大产品功效，要客观巧妙。

（2）遇到困难时的反应方式及技巧。

①当遭到客户拒绝时：泰然自若，有礼貌道别。

②当客户对产品和企业提出不满时：应放松心情，避免紧张，不可逃避，要正确对待，尊重客户，仔细倾听。

③当客户提出产品价格太贵时：包括明确赠送赠品的条件，以防赠品误送、滥送、多送、少送；明确产品特色、品牌特色，以及能给予顾客的服务。明确奖罚制度与奖罚措施，以避免赠品的不送和促销员的失职等行为。

（三）促销人员的监控及考核标准

对促销人员的监控主要是对促销人员的服务态度、方法等进行检查，主要有以下几个方面：

（1）仪表：是否按公司要求。

（2）用语：是否使用礼貌规范用语。

（3）服务：是否提供一流服务。

（4）行政纪律：如考勤，有无迟到、早退，穿着是否得体，有无聊天、吃东西等不良行为。

（5）卖场维护。

（6）售后服务：发现问题后是否能及时解决。

第六节
新零售促销

一、 新零售的概念

新零售（New Retailing），即个人、企业以互联网为依托，通过运用大数据、人工智能等先进技术手段，对商品的生产、流通与销售过程进行升级改造，进而重塑业态结构与生态圈，并对线上服务、线下体验以及现代物流进行深度融合的零售新模式。

未来电子商务平台会有新的发展，将线上、线下和物流结合在一起，才会产生新零售。线上是指云平台，线下是指销售门店或生产商，新物流指消灭库存、减少囤货量。

二、 新零售的特征

（一）生态性

"新零售"的商业生态构建将涵盖网上店铺、实体店铺、支付终端、数据体系、物流平台、营销路径等诸多方面，并嵌入购物、娱乐、阅读、学习等多元化功能，进而推动企业线上服务、线下体验、金融支持、物流支撑四大能力的全面提升，能够使消费者对购物过程便利性与舒适性的要求得到更好满足，并由此增加用户黏性。当然，以自然生态系统思想指导而构建的商业系统必然是由主体企业与共生企业群以及消费者共同组成的，且表现为一种联系紧密、动态平衡、互为依赖的状态。

（二）无界化

企业通过对线上与线下平台、有形与无形资源进行高效整合，以"全渠道"方式清除各零售渠道间的种种壁垒，模糊经营过程中各个主体的既有界限，打破过去传统经营模式下存在的时空边界、产品边界等现实阻隔，促使人员、资金、信息、技术、商品等合理顺畅地流动，进而实现整个商业生态链的互联与共享。依托企业的"无界化"零售体系，消费者的购物入口将变得非常分散、灵活、可变与多元，人们可以在任意的时间、地点以任意的可能的方式，随心尽兴地通过诸如实体店铺、网上商城、电视营销中心、自媒体平台等一系列丰富多样的渠道，与企业或者其他消费者进行全方位的咨询互动、交流讨论、产品体验、情景模拟以及商品和服务的购买。

（三）智慧型

"新零售"商业模式得以存在和发展的重要基础，正是人们对购物过程中个性化、即时化、便利化、互动化、精准化、碎片化等要求的逐渐提高，而要满足上述需求，则需要在一定程度上依赖于"智慧型"的购物方式。可以肯定的是，在产品升级、渠道融合、客户至上的"新零售"时代，人们经历的购物过程以及所处的购物场景必定具有典型的"智慧型"特征。未来，智能试装、隔空感应、拍照搜索、语音购物、VR逛店、无人物流、自助结算、虚拟助理等场景都将真实地出现在消费者眼前，甚至获得大范围的应用与普及。

（四）体验式

随着我国城镇居民人均可支配收入的不断增长和物质产品的极大丰富，消费者主权得以充分彰显，人们的消费观念也将逐渐从价格消费向价值消费过渡和转变，购物体验的好坏将越加成为决定消费者是否买单的关键性因素。现实生活中，人们对某个品牌的认知和理解往往更多来源于线下的实地体验或感受，而"体验式"的经营方式就是利用线下实体店面，将产品嵌入所创设的各种真实生活场景之中，赋予消费者全面深入了解商品和服务的直接机会，从而触发消费者视觉、听觉、味觉等方面的综合反馈，在增进人们参与感与获得感的同时，使线下平台的价值得以被进一步发现。

三、新零售的方式

（一）移动营销

移动营销是指在不同的移动应用商店（如Google Play、Apple应用商店或亚马逊市场）中吸引客户的过程。

这些应用商店有数千个应用程序和数百万用户。通过移动营销，企业可以通过付费广告或其他方式（跨应用程序促销等）宣传，以便更多用户可以看到和安装这些应用。

（二）视频营销

视频营销是一种相对较新的模式，受到年轻消费群体欢迎。视频营销是指主要基于视频网站为核心的网络平台，以内容为核心、创意为导向，利用精细策划的视频内容实现产品营销与品牌传播的目的；是"视频"和"互联网"结合，具备二者的优点；具有电视短片的优点，如感染力强、形式内容多样、创意新颖等，又有互联网营销的优势，如互动性、主动传播性、传播速度快、成本低廉等。

视频包含电视广告、网络视频、宣传片、微电影等各种方式。视频营销归根到底是营销活动，因此成功的视频营销不仅仅要有高水准的视频制作，更要发掘营销内容的亮点。

视频营销的厉害之处在于传播既精准又快速。首先会产生兴趣，关注视频，再由关注者变为传播分享者，而被传播对象势必是有着和他一样特征兴趣的人，这一系列的过程就是目标消费者精准筛选传播。

视频营销的步骤：提炼产品以及服务的卖点；分析潜在目标用户的属性；明确视频营销的主题内容；选择视频平台并定向投放；做好优化并及时跟踪数据。

（三）在线营销

在线营销就是利用电子渠道来进行营销，电子商务就是一种在线营销。

1.在线营销的优势

（1）所有商家一律平等。自由、开放等观念是网络的精神。网络无所不在，消费者进行自由选购时更直接、方便。每个商家都可以有自己的网址，都可以在得到允许的情况下在商业网站上张贴自己的商品信息，甚至在商家与用户之间建立起一种相互信任的长期关系，而这一切所需的成本极其低廉，也不需很长的时间。

（2）产品方面，商家的产品从定位、设计、生产等阶段就能充分吸纳用户的要求和观点，而用户的使用心得也能通过网络很快地在产品的定位、设计、生产中反映出来。价格方面更具有明显的优势。渠道方面，主要体现在它使厂商与用户之间的距离达到最小。服务方面，体现在它的用户支持回应率的极大提高和支持时间的无限延长。

（3）各商家可以获得平等的参与竞争的权利。

上述这些优势，都决定了在线营销渠道在即将到来的网络时代的分量，无疑它将成为网络时代的商家赢得生存、发展所必须熟练掌握的利器。

2.在线营销的劣势

消费者观念的改变，是使人们普遍接受网络营销的重要基础。而目前大多数消费者的观念还没有转变，表现为：消费者个性消费的回归不强，消费主动性的不够强；部分地区购物方便性不高；剥夺了消费者对现场购物乐趣的追求；价格仍然是影响购买的重要因素。

3.在线营销的特点

（1）跨时空。营销的最终目的是占有市场份额，互联网具有超越时间约束和空间限制的特点，因此使得脱离时空限制达成交易成为可能，企业可有更多时间和更大的空间进行营销，可每周7天、每天24小时随时随地提供全球性营销服务。

（2）多媒体。互联网被设计成可以传输多种媒体的信息，如文字、声音、图像等信息，使得为达成交易进行的信息交换能以多种形式存在和交换，可以充分发挥营销人员的创造性和能动性。

（3）交互式。互联网通过展示商品图像，商品信息资料库提供有关的查询，来实现供需互动与双向沟通。还可以进行产品测试与消费者满意调查等活动。互联网为产品联合设计、商品信息发布以及各项技术服务提供最佳工具。

（4）个性化。互联网上的促销是一对一的、理性的、消费者主导的、非强迫性的、循序渐进式的，是一种低成本与人性化的促销，避免推销员强势推销的干扰，并通过信息提供与交互式交谈，与消费者建立长期良好的关系。

（5）成长性。互联网使用者数量快速成长并遍及全球，使用者多数年轻、中产阶级、高教育水准，由于这部分群体购买力强而且具有很强的市场影响力，因此是一项极具开发潜力的市场渠道。

（6）整合性。互联网上的营销可由商品信息至收款、售后服务一气呵成，因此也是一种全程的营销渠道。另外，企业可以借助互联网将不同的传播营销活动进行统一设计规划和协调实施，以统一的传播资讯向消费者传递信息，避免不同传播的不一致性产生的消极影响。

（7）超前性。互联网是一种功能强大的营销工具，它同时兼具渠道、促销、电子交易、顾客服务以及市场信息分析与提供等的多种功能，它所具备的一对一营销能力，正符合定制营销与直复营销的未来趋势。

（8）高效性。计算机可储存大量的信息，可传送的信息数量与精确度远超其他媒体，并能应市场需求，及时更新产品或调整价格，因此能及时有效了解并满足消费者的需求。

（9）经济性。通过互联网进行信息交换，代替以前的实物交换，一方面可以减少印刷与邮递成本，可以无店面销售，免交租金，节约水电与人工成本，另一方面可以减少由于迂回多次交换带来的损耗。

（10）技术性。在线营销是建立在高技术作为支撑的互联网的基础上的，企业实施在线营销必须有一定的技术投入和技术支持，改变传统的组织形态，提升信息管理部门的功能，引进懂营销与计算机技术的复合型人才，未来才能具备市场竞争优势。

（四）新零售

"新零售"的核心要义在于推动线上与线下的一体化进程，其关键在于使线上的互联网力量和线下的实体店终端形成真正意义上的合力，从而完成电商平台和实体零售店面在商业维度上的优化升级。同时，促成价格消费时代向价值消费时代的全面转型。

此外，有学者也提出，新零售就是"将零售数据化"。线上用户信息能以数据化呈现，而传统线下用户数据数字化难度较大。在人工智能的帮助下，视频用户行为分析技术能在线下门店进行用户进店路径抓取、货架前交互行为分析等数字化转化，形成用户标签，并结合线上数据优化用户画像，同时可进行异常行为警报等辅助管理。

新零售可总结为"线上+线下+物流，其核心是将以消费者为中心的会员、支付、库存、服务等方面的数据全面打通"（图9-1）。

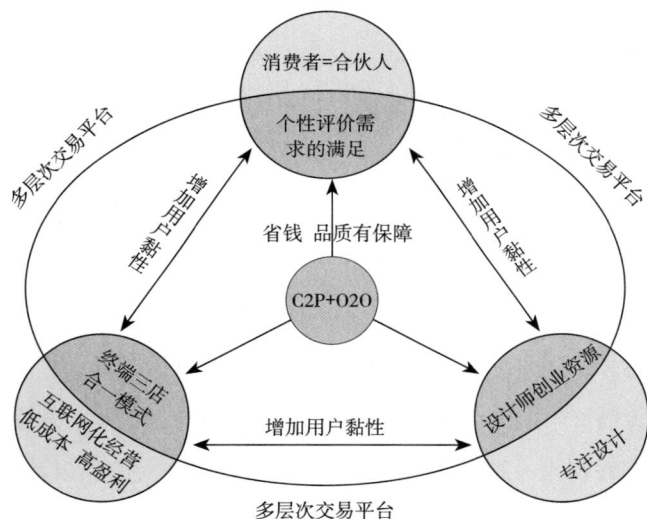

图9-1　新零售

21世纪初期，在传统零售企业还未能觉察到电子商务对整个商业生态圈将产生的颠覆性作用之时，以淘宝、京东等为代表的电子商务平台已开始破土而出，电子商务发展到今天，已经占据中国零售市场主导地位，也印证了比尔·盖茨曾经所言："人们常常将未来两年可能出现的改变看得过高，但同时又把未来十年可能出现的改变看得过低。"随着"新零售"模式的逐步落地，线上和线下将从原来的相对独立、相互冲突逐渐转化为互为促进、彼此融合，电子商务的表现形式和商业路径也将会发生根本性的转变。当所有实体零售都具有明显的"电商"基因特征之时，传统意义上的"电商"将不复存在，而人们经常抱怨的电子商务给实体经济带来的严重冲击也将成为历史。

　　"新零售"模式打破了线上和线下之前各自封闭的状态，线上线下得以相互融合、取长补短且相互依赖：线上更多履行交易与支付的职能，线下通常作为筛选与体验的平台，高效物流则将线上线下相连接并与其共同作用形成商业闭环。基于该种模式，消费者既能获得传统线下零售的良好购物体验，又能享受到线上电商的低价和便利，而各种新兴科技对人们购物全过程的不断渗透，将使企业提供的商品与服务得以融入更多的智慧因子，进一步产生1+1>2 的实际效果。在"新零售"模式下，消费者可以任意畅游在智能、高效、快捷、平价、愉悦的购物环境之中，购物体验大幅提升，年轻群体对消费升级的强烈意愿也由此得到较好满足。

思考题

1.设计师品牌可以选择哪些促销策略？

2.分析设计师品牌与普通服装产品的促销手段有什么样区别？

3.为促销方案做一份详细的促销预算。

参考文献

［1］胡迅，须秋洁，陶宁.女装设计［M］.3版.上海：东华大学出版社，2019：166-169.

［2］孙珊珊.基于岗位需求驱动的品牌服装设计课程创新［J］.化纤与纺织技术，2021（11），160-162.

［3］陈汉东.服装流行要素识别与品牌服装设计［J］.轻纺工业与技术，2021（9），107-108.

［4］杨庆，将卫军，张美惠.在服装设计教学中对学生品牌服装设计思维能力培养的探讨［J］.教育观察，2021（14）：56-57，72.